自我的探寻

弗洛伊德与精神分析的诞生

戴军 著

心理学大师解读系列

北京联合出版公司

图书在版编目（CIP）数据

自我的探寻：弗洛伊德与精神分析的诞生 / 戴军著. -- 北京：北京联合出版公司，2022.11
ISBN 978-7-5596-6451-8

Ⅰ.①自… Ⅱ.①戴… Ⅲ.①弗洛伊德(Freud, Sigmmund 1856-1939)—精神分析—研究 Ⅳ.①B84-065

中国版本图书馆CIP数据核字(2022)第162102号

自我的探寻：弗洛伊德与精神分析的诞生

作　　者：戴　军
出 品 人：赵红仕
责任编辑：管　文
封面设计：王梦珂

北京联合出版公司出版
（北京市西城区德外大街83号楼9层　100088）
北京联合天畅文化传播公司发行
北京美图印务有限公司印刷　新华书店经销
杭州真凯文化艺术有限公司制版
字数90千字　880毫米×1230毫米　1/32　6.75印张
2022年11月第1版　2022年11月第1次印刷
ISBN 978-7-5596-6451-8
定价：49.00元

版权所有，侵权必究
未经许可，不得以任何方式复制或抄袭本书部分或全部内容
本书若有质量问题，请与本公司图书销售中心联系调换。电话：（010）64258472-800

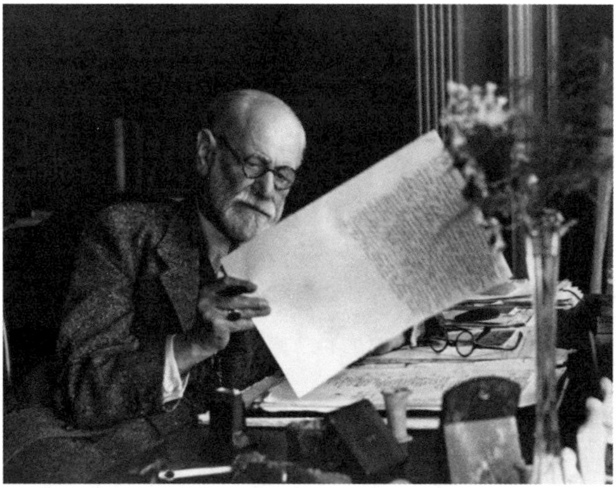

1938年，弗洛伊德在伦敦的家中阅读《精神分析引论》手稿。次年，这位如今我们在谈论精神分析时势必会提及的心理学大师，于伦敦逝世。彼时，他已经与口腔癌斗争了16年，经历了33次颌部手术。患病期间，他依然坚持为病人诊疗和著书立说。

Catalogue
目 录

导言：谈谈《自我与本我》的诞生背景 / 001

23年临床分析经验的结果 / 003

从达尔文到弗洛伊德 / 006

弗洛伊德的发现意味着什么 / 011

第一章 无意识的发现 / 015

"灵魂在地府里嗅着" / 017

无意识研究的漫漫长夜 / 025

安娜·欧 / 034

从催眠到自由联想 / 040

弗洛伊德的无意识发现之旅 / 044

第二章　心理结构的发现 / 057

作为心灵解剖学的《自我与本我》/ 059

无法摆脱的俄狄浦斯情结 / 062

心智结构的第一张地图：心理结构 / 074

心智结构的第二张地图：人格结构 / 079

"本我—自我—超我"之间的动力学 / 087

为什么弗洛伊德坚持"泛性论" / 092

生本能与死本能 / 098

文明的悖论：作为文明动力的欲望阉割 / 102

第三章　自我的探寻 / 107

自我是什么 / 109

自我与他者 / 114

自我与自身：改变自身的方法 / 121

自我与主体：人为什么被无意识主体驱动 / 125

作为防御机制的自我 / 135

自我防御机制的基本类型 / 140

自我防御与自我心理学 / 146

第四章　自我的重建 / 151

自我心理学的局限 / 153

现代人的自我认知困境 / 162

重建自我的方式 / 172

自我超越还是重生：东西方文明在自我建构上的不同 / 178

孙悟空：中国人的自我意象与重生之路 / 185

后记：为什么还要阅读弗洛伊德 / 201

导言:谈谈《自我与本我》的诞生背景

Introduction

23年临床分析经验的结果

写《自我与本我》(*Das Ich und das Es*，1923年)这本书的时候，弗洛伊德已经67岁，他的重要著作已经基本出版，他在欧洲乃至全世界都享有巨大声誉。这时候，他开始了理论总结，写了《自我与本我》一书，对过去的心理观察进行梳理。

如果说他之前的所有著作都是对人类心理结构的现象分析，那么这本书就是对人类心理结构的理论总结。这是他第一次对人类心理结构及其运行模式做理论梳理，在心理学历史上也可以说是一个里程碑事件。

尼采①曾经说过，伟大思想的诞生本身就是一次伟大事件。如果说，《释梦》（*Die Traumdeutung*，1900年）是弗洛伊德创造出来的第一个伟大思想发现事件，那么《自我与本我》就是他创造的第二个伟大思想事件。因为这本书提供了一个全新的人类心智结构模型，这个模型直到今天依然有用，不少心理学家现在仍然认为，精神分析建构的心理框架依然是最好的心智结构理论模型。

当然，这本书也不是突然诞生的，这是弗洛伊德23年临床分析经验积累的结果。

在过去23年的著作中，弗洛伊德从梦境（《释梦》）中发现了无意识结构的存在，在口误和错失行为观察中［《日常生活心理病理学》（*Zur*

---

① 弗里德里希·威廉·尼采（Friedrich Wilhelm Nietzsche，1844—1900），德国哲学家，被海德格尔称为"西方最后一位形而上学哲学家"。主要著作有《权力意志》《查拉图斯特拉如是说》《论道德的谱系》等。尼采对后代哲学的发展影响很大，启发了弗洛伊德开创精神分析，也开启了存在主义与后现代主义哲学。

Psychopathologie des Alltagslebens，1904年）]发现了日常中无意识行为的溢出，在《性学三论》（*Drei Abhandlungen zur Sexualtheorie*，1905年）一书中探究了心理动力的起源，在《图腾与禁忌》（*Totem und Tabu*，1913年）一书中思考了人类心理结构的起源，通过《超越快乐原则》（*Jenseits des Lustprinzips*，1920年）、《群体心理学与自我的分析》（*Massenpsychologie und Ich-Analyse*，1921年）发现了更基本的心理运转原则"强迫性重复原则"[1]。直到1923年也就是他解开梦境秘密的23年后，他终于着手总结心理结构的基本框架。这就是这本书诞生的个人背景。

---

[1] "强迫性重复原则"指的是每个存在着童年某方面心理发育缺陷的人，都会不自觉地、强迫性地在心理层面退回到遭受挫折的心理发育阶段，在现实中重复童年期的情结和关系。比如，没有完成恋母阶段的具有恋母情结的男人，会不断地想要与女性构成实质上的心理恋母关系。这个心理规律由精神分析创始人弗洛伊德提出，他在对他的孩子的观察中发现，孩子在经历了一件痛苦或者快乐的事件之后，会在以后不自觉地反复制造同样的机会，以便体验同样的情感。

从达尔文到弗洛伊德

在梳理完弗洛伊德的个人研究史以后,我们也有必要梳理一下其学说的时代背景。弗洛伊德的精神分析并不是凭空出现的理论,他的研究是站在巨人的肩膀上的成果。

很多人恰恰忽视或者不了解他创造精神分析理论的时代脉络,人们很容易觉得弗洛伊德是异军突起的精神分析创始人,却容易忽视他所在的时代,以及时代精神所提供的资源支撑。弗洛伊德在著作中大谈那些不是特别重要的作者和作品对他的影响,却极少提及对他真正有巨大影响的两个人:尼采和达尔文。

尽管弗洛伊德在自己的著作中很少提及,但是反对弗洛伊德的专家们在著作［比如《一个偶像的黄昏：弗洛伊德的谎言》(*Le crépuscule d'une idole : l'affabulation freudienne*，2010年)］中详细地证明了一件事：弗洛伊德曾经久久地凝视尼采的著作，因为尼采才是最早分析和发现无意识的人，尼采在《论道德的谱系》(*Zur Genealogie der Moral: Eine Streitschrift*，1887年)、《重估一切价值》(*Umwertung Aller Werte*，1889年)等书中对无意识都有精深的洞察与描述，弗洛伊德作为德国人，甚至有些害怕阅读这位德语环境的重要哲学家。弗洛伊德在《精神分析运动史》(*Zur Geschichte der psychoanalytischen Bewegung*，1914年)中坦言："我极力避免的是阅读尼采著作时会获得的高度愉悦，我的动机很明确，那就是在精神分析的感受操作中我不想被任何可预期的表述所干扰。"在完成了精神分析的主要著作后，弗洛伊德于1931年6月28日给洛泰·比克尔(Lothar Bickel)写信说道："我拒绝读尼采，尽管——不，是因为——我极可能在他那里发现某些直觉,它们与精神分析所证明的那些东西十分相似。"

在赢得了全球性的名声以后,晚年的弗洛伊德在给阿诺德·茨威格(Arnold Zweig)的一封信(1934年5月11日)中写道:"在我年轻时,(尼采)对我而言是一种无法企及的高贵。我的朋友帕内特医生在恩加丁(Engadine)认识了尼采,而且他当时习惯给我写一大堆关于尼采的事情。"

这"一大堆事情"究竟是些什么事情呢?我们通过对照尼采与弗洛伊德的著作就可以明白,它们很可能都是当时尼采关心的话题,而后来弗洛伊德也做了进一步研究:

尼采的价值重估,其实是用心理学还原视角对人类内部和外部建构的重估;后来弗洛伊德发展了对内部建构也就是对无意识心理的意义重估。

尼采批判的理性,其实是通过群关系和群意志内化的一种心理结构;后来弗洛伊德把这个结构定义为自我和防御机制，并发展出一套结构化的心理学。

尼采提出的超人概念，其实是一种超越自身的意志；后来弗洛伊德创造超我概念，应该从这里获得了启发。

尼采认为权力意志主宰性质，在弗洛伊德那里，其实就是无意识欲望的主体性。

甚至可能还有《论道德的谱系》中对罪孽、犯罪感、愧疚感的分析，后来弗洛伊德在自己的分析中几乎照搬了尼采的观点。

再者，弗洛伊德也仔细研究了达尔文的著作，因为达尔文晚年的核心著作《人类的由来及性选择》就是在论述性选择在人类进化中作为"第二推力"的作用。弗洛伊德提出"性驱力"与"泛性论"几乎可以说就是达尔文性选择观察的心理学版本。从某种意义上说，弗洛伊德理论是用心理学话语对达尔文的性选择发现做了一次精细化的重述与发展。

此外，黑格尔（G. W. F. Hegel）[①]的《精神现象学》（*Phänomenologie des Geistes*，1807年）已经对自我、自我意识、梦境、疯狂、自我与他者的辩证法做了基础研究，这也是弗洛伊德理论的重要时代背景性著作。弗洛伊德对此没有多谈，但是后来提倡"回到弗洛伊德"的雅克·拉康（Jacques Lacan）[②]，却从黑格尔那里汲取了很多营养，重建了精神分析。这个事实再次说明，弗洛伊德的发现并非孤立事件，而是站在时代思想巨人肩膀之上的结果。

[①] 格奥尔格·威廉·弗里德里希·黑格尔（1770—1831），德国哲学家。他的《精神现象学》可以说是一部哲学版本的心理学著作，启发了弗洛伊德、拉康等多位精神分析家。

[②] 雅克·拉康（1901—1981）被称为法国的"弗洛伊德"，倡导"回到弗洛伊德"，但是他其实是打着这个旗号用语言学理论重建了弗洛伊德的理论，他最核心的工作是把精神分析的基础从生物学转移到了语言学之上，就是说他认为心理驱力不是生物学意义上的动力，而是语言结构形成的动力。

弗洛伊德的发现意味着什么

在弗洛伊德之前,人类对心理世界的了解仅停留在混沌状态。大家都知道你、我、他,但是你是谁,我是谁,他又是谁?大家也都知道自己会做梦,但是梦的含义是什么?对这些问题,并没有人做心理学意义上的深入考察,大家仅仅是保持好奇和猜测而已。直到弗洛伊德对精神病人进行研究以后,他和搭档约瑟夫·布洛伊尔(Josef Breuer)[①]才发现:正常人是有心理结构在维持个体行为的,精神病人之所以得病,原来是心理结构

[①] 约瑟夫·布洛伊尔(1842—1925),奥地利精神病医生,1863年毕业于维也纳大学,1868年任维也纳大学荣誉讲师,1871年起当私人医生,与弗洛伊德均在布吕克指导下接受过物理主义和生理学训练。

出了问题。

如果说"贝格尔号"带领达尔文进入的是关于人类演化知识的大海,弗洛伊德关于精神病人的临床研究带领我们驶入的,则是关于人类心理知识的大海:人的心理结构是什么样子的?心理结构产生于何时?我们是否可以调整心理结构?我们应该如何认识和改变自我?

带着这些问题阅读《自我与本我》这本书,可能会更加容易理解,也可能仍然会迷糊。所以,本书将从学术历史与临床过程来还原《自我与本我》的诞生,还原心理结构理论的诞生,帮助读者理解关于人类心理的诸多问题。

或许有人会问,既然《自我与本我》这么抽象难懂,直接看案例不行吗?当然行,而且必须看案例。但是,对现象的收集并不能代替对现象的分析,正如对地球万物下坠的观察并不能代替对万有引力定律的描述。如果说牛顿是第一个描述万物的运行结构与动力的人,那么可以说,**弗洛伊德是第一个描述了人类心理结构与**

动力的人。如果说《释梦》是他最有价值的发现，那么《自我与本我》这本书就是对他最有价值的发现的理论总结。这就是我们必须想办法读懂《自我与本我》的原因。下面，我们将会坐上弗洛伊德的"贝格尔号"，重新体验弗洛伊德发现人类心理结构秘密的旅程。

由于本书是为了帮助各位真正进入"自我与本我"，所以我不打算一开始就分析《自我与本我》的文本，而是从无意识的被发现讲起，逐步展开讲解弗洛伊德从无意识世界发现心理结构的过程。做这样的内容安排是因为，如果说《自我与本我》中提出的心理结构是一张认识自我与他人的航海图，那么在了解这张航海图之前，我们有必要了解海洋——也就是无意识。

第一章，我会讲述无意识研究的简史，以及弗洛伊德涉足无意识研究的过程；同时，我会附上一个中国化的案例来说明无意识的运作，帮助大家理解这个抽象的词。

第二章，我们正式进入对《自我与本我》这本书的文本解读。但是我的解读是"补充背景知识+理论贯通"式的解读，不是那种逐字逐句的解读。在这一章，我们会明白弗洛伊德做出的贡献：他第一次尝试建构了一套关于人类心智结构的理论，并且这套理论有临床支撑和哲学化论述。

第三章，从古典精神分析展开讲述自我心理学与自我防御机制，重点解决一个问题：弗洛伊德心理结构理论造成的现代人自我认知的歧路。这个歧路的影响，往大了说造成了人类文明的分裂，往小了说造成了个人精神疾病的流行。对这个问题，非常有必要分析与解决。

第四章，我尝试用精神分析理论给读者一条重建自我的道路，同时还会以精神分析理论分析中国人的自我重建道路，帮助我们对自身的文化有一个更加深入的理解。毕竟，重新理解自己的文化就是重新理解自身。

我希望通过自己的补白、贯通、解释和运用，大家可以更好地进入精神分析，更好地重新理解自己、认识自己、改变自己。

第一章　无意识的发现

Chapter One

"灵魂在地府里嗅着"

弗洛伊德的所有发现都建构在无意识的基础之上，他后期的总结性著作《自我与本我》开篇就从"无意识"说起。实际上，"无意识"这个概念并非他的首创，在他之前，还有漫长的无意识发现史。所以我们非常有必要对无意识的发现过程做简单梳理。

什么是无意识？按照弗洛伊德的观点，无意识是指由于压抑而无法进入意识层面的想法、欲望与其他深层心理内容。从日常来说，梦境、口误、错失行为等精神现象都是无意识溢出的"症状"；从发生学说，所有被我们文化建制和制度建制压抑的精神领域，都可以说是无意识领域。

最早对无意识领域展开研究的其实是古希腊哲学家赫拉克利特（Herakleitus）[①]。《赫拉克利特著作残篇》中记录了他郑重地说："我研究了自己。"他不仅研究了自己，还研究了自己的无意识领域，比如梦与醒、灵魂的本质等问题；他还从自我观察出发，展开了关于人类自我主体性的研究。

赫拉克利特研究自己，从"寻找和探听过我自己"开始，第一个感觉是"灵魂在地府里嗅着"。他对灵魂有精微的观察："正如蜘蛛坐在蛛网中间，只要苍蝇碰断一根蛛丝，它就立刻发觉，很快跑过去，好像因为蛛丝被碰断而感到痛苦似的。同样情形，人的灵魂当身体某一部分受损害时，就连忙跑到那里，好像不能忍受身体的损害似的，因为它以一定的联系牢固地联结在身体上面。"（引自《赫拉克利特著作残篇》，下同）

[①] 赫拉克利特（约前544—前483年），古希腊哲学家，认为"万物皆流，无物常驻"，他是第一个提出认识论的哲学家，并对认识世界的主体也就是人的自身有深入的研究，著有《论自然》一书，现有残篇留存。

这段话说明赫拉克利特不是灵肉二元论者，而是持有灵肉紧密联系、不可分割的观点。他也思考感官，说"眼睛和耳朵对于人们是坏的见证，如果他们有着粗鄙的灵魂的话"。这话表明，他已开始将哲学从讨论外部转向研究认识以及认识的主体——人的感官与灵魂。

灵魂到底有什么规律？赫拉克利特认为，道是人内心的根本规律。他说："道为灵魂所固有，是增长着的。"这里的"道"可以理解为人的心理结构规律，用现代精神分析的话说，就是无意识的规律。这句话翻译成精神分析的话语就是，无意识是灵魂的本质性存在，但它会随着社会文化的写入而增加内容或发生改变。

关于人的内心本质，他又说："你不可能找到灵魂的尽头,即使走遍了每一条道路,因为它的逻各斯①是很渊深的。"

这句话几乎就是弗洛伊德无意识理论的前奏,也是荣格集体无意识概念的意象表达。弗洛伊德认为无意识是人类心理的一个深渊,但是这个深渊他并没有走到头;后来荣格认为,个体无意识之后还有集体无意识。不过,考虑到人是由哺乳动物演化而来的,那么人类的集体无意识背后是不是还有哺乳动物的集体无意识?再往前追溯,是不是还有更低等动物的无意识沉淀?从这个角度看,灵魂的确没有尽头,如果有,那就得追溯到生命开始的地方。

---

① 逻各斯(logos):欧洲古代和中世纪常用的哲学概念。一般指世界的可理解的一切规律,因而也有语言或理性的意义。希腊语中,这个词本来有多方面的含义,如语言、说明、比例、尺度等。赫拉克利特最早将这个概念引入哲学,在他的著作残篇中,这个词也具有上述多种含义,但主要是用来说明万物的生灭变化具有一定的尺度,虽然变幻无常,但人们能够把握它。在这个意义上,逻各斯是西方哲学史上最早提出的关于规律性的哲学范畴。

赫拉克利特在思考自我与灵魂的问题时，显然没有找到本质性的答案，他的哲学家直觉让他聚焦在了关于灵魂的另一个现象上面，那就是人类的梦与醒。或许，解开梦与醒的秘密就可以解开人类灵魂的秘密，明白人类的内心。不得不说，赫拉克利特的直觉很灵敏，可惜他的时代没有别的知识支撑——没有达尔文也没有神经科学，于是他只能对梦境这个无意识现象做直觉性的分析与判断。

他对灵魂与梦境思考了很久才得出结论："我们身上的生和死、醒和梦、少和老始终是同一的。前者转化，就成为后者；后者转化，就成为前者。"这体现了一个人内心观察的流变转化观点，类似我国"庄生晓梦迷蝴蝶"的哲学观。庄子还在疑惑人生是梦是醒，赫拉克利特则直接回答二者本质相同，不过是互相转化的两种状态。

梦作为无意识涌现出来的碎片，可以说是个迷人而难缠的题目，但赫拉克利特还是得出了一些深刻的洞见。比如"清醒的人们有一个共同的世界，可是在睡梦中的人们却离开这个共同世界，各自走进自己的世界"。这话是说，清醒理解宇宙的人有一个共同的世界，而那些没有宇宙观却做着尘世梦想的人则走向各自的梦想世界，那梦想与梦境并无区别。所以赫拉克利特说"不能像睡着的人那样行事和说话，因为我们在梦中也自以为在行事和说话"。这是一个绝妙的讽刺，很多人醒着行事也如梦游。

最后赫拉克利特回到现实，说"我们在醒时看见的一切就是死亡，而我们在睡梦中看到的一切就是睡眠"。事实不正是如此吗？万物生机勃勃的同时，也在一点点死去；睡梦中的一切看似宏伟，却只是梦境。

研究了人的灵魂、梦与醒、内在世界，赫拉克利特终于对人类的心理与命运有了一个直觉性的判断。通过上述心理研究，他得出一个影响深远的结论："人的性格就是他的灵魂与命运。"也就是说，人的性格结构本身就暗含了一套无意识结构，而这套无意识结构如同轮子一样转动，引导人的命运。可以说，这句话已经说出了个体心理学的根本知识。后世的精神分析将"性格决定命运"这句箴言发展为幼儿心理学、性格生成学和人格构造学，实为赫拉克利特洞见的延续。

如果我们把赫拉克利特留下的这些自我研究残篇综合起来看，可以说，他是第一个把哲学研究对象扭转到人类自身主体之上的哲学家，第一个提出灵魂是一个深渊的哲学家，第一个靠直觉洞见梦与醒在无意识层面同构的哲学家，他还是第一个分析心理结构与命运关系的哲学家。可以说，赫拉克利特对人的自我、主体、无意识、梦与醒等核心问题都做了研究。从这个角度来说，他是精神分析的真正远祖，一位被忽视的无意识研究开创者。

赫拉克利特研究自己,他的第一个感觉是"灵魂在地府里嗅着"。

他对灵魂有精微的观察:"正如蜘蛛坐在蛛网中间,只要苍蝇碰断一根蛛丝,它就立刻发觉,很快跑过去,好像因为蛛丝被碰断而感到痛苦似的。同样情形,人的灵魂当身体某一部分受损害时,就连忙跑到那里,好像不能忍受身体的损害似的,因为它以一定的联系牢固地联结在身体上面。"

无意识研究的漫漫长夜

自从赫拉克利特以后,无意识研究经历了几千年的漫漫长夜。尽管苏格拉底说要"认识你自己",尽管亚里士多德专门写了《论灵魂》,尽管后来的哲学家都对灵魂与肉体这个话题做了论述,但是他们对人类自身的研究还是主要停留在意识层面,没有进入无意识的领域。

直到文艺复兴以后,哲学家尼戈特弗里德·威廉·莱布尼茨(Gottfried Wilhelm Leibniz)[①]才在他的

---

① 戈特弗里德·威廉·莱布尼茨(1646—1716),德国哲学家、数学家,被誉为17世纪的亚里士多德。一般认为他是数学家,实际上他对心理学也有深入的研究。

《单子论》（*La Monadologie*，1714年）中推演了无意识理论。他把无意识称为"微觉"，即未被统觉的知觉。他认为，单个的单子就是这样的知觉，它们犹如单个的、本身一点无法被意识到的、落下的水滴一样，不能被有意识地觉知。但是，它们汇集起来的一定数量总和就会产生一种统觉——仿佛波浪击岸的响声。在莱布尼茨的哲学中，这些无意识知觉乃是天赋灵魂所固有的东西，是灵魂的意识活动材料，是自我封闭的心理生活的发展条件。

莱布尼茨之后，发展无意识研究的还有康德（Immanuel Kant）[①]和费希特（Johann Gottlieb

---

① 伊曼努尔·康德（1724—1804），德国哲学家，德国古典哲学创始人。康德认为，人们只能从人本身出发去认识外部世界，但是形而上学意义上的事物本身，也就是所谓的"物自体"是不可能被认识的。这就是被人们称为"哥白尼式革命"的康德哲学革命，其核心思想是对知识与对象之间的关系的"颠倒"，强调不是主体围绕着客体转，而是客体围绕着主体转。

Fichte）[1]。康德把无意识称为"模糊知觉"；费希特则第一次提出无意识是一种心理动力过程，认为直觉就是认知中的无意识因素；黑格尔用"绝对精神"来描述无意识；叔本华（Arthur Schopenhauer）[2]则用"意志"来描述无意识。

不过，"无意识"作为一个专门的哲学概念，首

---

[1] 约翰·戈特利布·费希特（1762—1814），德国哲学家，古典主义哲学的主要代表人之一。他认为，自我意识是自己设定自己的存在，自我的创造性则是解释经验的唯一源泉。

[2] 亚瑟·叔本华（1788—1860），德国哲学家，哲学史上第一个公开反对理性主义哲学的人，开创了非理性主义哲学的先河，也是唯意志论的创始人和主要代表之一。他认为生命意志是主宰世界运作的力量，对后来的精神分析学说影响深远。

次出现在谢林（Friedrich Wilhelm Joseph Schelling）[①]的《先验唯心论体系》（*System des transzendentalen Idealismus*，1800年）第三部分。为了解释自我的有限性，谢林假定还有一部分不受自我控制的活动是无意识的。有意识的思维的自我与它的创造性直观的产物相对立，实际上是通过自我的行动与它们结合在一起了，但这个行动本身没有自己的直观，"因此，行动就像它一样，沉没在意识之外，只有对立仍然作为对立保留下来"，行动"从意识中消失了"。通过无意识对自

[①] 弗里德里希·威廉姆·约瑟夫·谢林（1775—1854），德国哲学家。他认为一切知识都以客观和主观的一致为基础，因为人们认识的只是真实的东西，而真理普遍认定是在于表象同其对象一致。谢林解释说，我们知识中的所有单纯客观东西的总体，可以被称为自然；所有主观东西的总体可以被称为自我或理智。这两个概念本来是互相对立的，自然被认为是仅仅可以予以表象的东西，是无意识的，而理智则被认为是仅仅做表象的东西，是有意识的。但是，本身无意识的东西和有意识的东西在任何知识中都必然有某种彼此会合的活动。"哲学的课题就在于说明这种会合的活动。"可见，谢林的思想既不同于康德的主客分裂的二元论，也不同于费希特的绝对的主观唯心论原则，而是企图在主客同一的基础上解决知识中的真理问题。

我影响的有限化——理智"遗忘它自己于自己的产物中"——创造了"内在与外在的区别"。

再后来出现了一位集大成的无意识哲学家爱德华·封·哈特曼（Eduard von Hartmann）①。他在《无意识哲学》（*Philosophy of the Unconscious*，1923年）一书中把无意识说成是超感觉的精神活动存在的基础，以及宇宙过程的根据。不过，这些学者终究还是没能进入无意识的世界，也没有解开无意识的结构，他们基本上还是在用研究意识的方式猜测无意识世界的秘密。哈特曼认为，无意识的意志是一切存在物的根据和真正的原因。不仅如此，道德、历史及天才的心灵，都表明无意识的意志在发生作用。他还认为，虽然无意识的意志从不犯错误，但是在展开意识（它的对立面）的过程中，它表明了自己的创造过程是非理性的。

---

① 爱德华·封·哈特曼（1842—1906），德国哲学家，代表作《无意识哲学》。该书问世时引起轰动，成为当时哲学界的畅销书，并影响了尼采。

实际上，哈特曼的无意识研究继承了叔本华的意志哲学。同样继承叔本华意志哲学的尼采则对哈特曼大加批判，认为哈特曼把无意识放在了绝对主体的地位上，这让个体生命意志的努力显得微不足道。所以，尼采把哈特曼讽刺为擅长模仿的小丑。

与哈特曼相比，尼采也有大量关于无意识的洞见。他认为人的意识没有自主性，故而没有自由选择的权力。这其实就是在说人受到无意识的主导。可是尼采并没有继续分析无意识的结构，他在晚期著作中甚至否定人的主体性，这等于是否定了无意识主体。或许他是为了强调人的自我控制力与冲创意志（the will to power）[①]，这让他没有提出精神分析式的心理学体系。

[①] 冲创意志：另译为权力意志，尼采在《重估一切价值》一书中对权力意志做了清晰的定义："我们的物理学家用来创造上帝和世界的富有成效的概念'力'还需要进行补充：必须给予它一种内在的意识，我将此称为权力意志，也就是说，永不满足地要求显示权力，或应用和使用权力，也称为创造的冲动，等等。"这意味着这个概念翻译为权力意志、强力意志、冲创意志都成立，故而可以说，欲望、道德、法律、理性都是权力意志的变形。

实际上，尼采的心理学洞见几乎走到了发现精神分析的边缘，比如，他认为自我是一个生成物，这个看法比拉康"自我是一个他者"的看法更加先锋。尽管如此，尼采还是没有提出心理学的系统学说。

直到近代第一位用实验方法研究有意识心理过程的心理学科创始人威廉·冯特（Wilhelm Wundt）[1]，心理学研究的主要对象依然是意识现象。在冯特的心理学著述中，核心论题依然围绕着有意识心理过程的构成元素，以及有意识行为的运行原理。

与冯特同时代的另一位心理学大家威廉·詹姆斯（Willian James）[2]则首次提出了"意识流"的概念，

---

[1] 威廉·冯特（1832—1920），德国生理学家、心理学家、哲学家，被公认为实验心理学之父。他于1879年在莱比锡大学创立了世界上第一个专门研究心理学的实验室，这被认为是心理学成为一门独立学科的标志。

[2] 威廉·詹姆斯（1842—1910），美国心理学之父，美国本土第一位哲学家和心理学家，也是教育学家、实用主义倡导者，美国机能主义心理学派创始人之一，亦是美国最早的实验心理学家之一。作品有《心理学原理》《宗教经验之种种》等。

并展开了对意识过程的心理分析。他认为,意识不是物体,而是一种过程和功能,每个人的意识都是一个连续的统一体。他说:"我们从出生那一天开始,意识就是许多事件和关系的集合。"

詹姆斯有一段描述意识流的话非常经典:"意识在自我展现时并非砍碎的粉屑,像'链'或'串'这类的词并不适合描述它刚刚出现的样子。它不是被连接上去的某种东西,它会流动,用'河流'或'小溪'比喻它们倒很贴切。因此,当本书再次描述它们时,我们权且叫它思想、意识或主观生活之流。"[1]

"意识流"这个概念被创造出来以后,不仅在心理学界引起巨大反响,还在文学界引起了一连串的反响。詹姆斯发明这个概念以后,"意识流"被文学界运用在文学创作中,现代派文学书写展开了全新的进程。

不过,"意识流"依然还是意识层面的心理学研

---

[1] 莫顿·亨特.心理学的故事[M].寒川子,张积模,译.西安:陕西师范大学出版社,2013:173.

究。尽管詹姆斯后来也研究了梦境、自动写作和魔鬼附体等无意识现象,并在《宗教经验种种》(*The varieties of religious experience*,1902年)中记录了许多神秘体验,但是他依然没有打开无意识世界的大门。

与此同时,弗洛伊德已经开始了无意识研究。他于1895年发表了与约瑟夫·布洛伊尔合著的《癔症研究》(*Studien über Hysterie*)[①],首次提出人类心灵有被压抑的无意识内容,并由此开始展开了深入无意识的释梦研究。詹姆斯听完弗洛伊德在克拉克大学的演讲以后,非常支持这种研究,他说:"我希望弗洛伊德及其弟子们能把他们的思想运用到极致,他们一定会对人类本性的理解投下一线曙光。"

---

① 癔症一词的原有注释为"心意病也",也称为歇斯底里,是一种较常见的神经症。一般是在受到严重的精神创伤之后突然起病,主要表现为明显的行为紊乱,哭笑无常,短暂的幻觉、妄想和思维障碍,以及人格解体等。常由于精神因素或不良暗示引起发病。在古典精神分析看来,癔症是一种主要由于欲望压抑造成的心理病。

安娜·欧

弗洛伊德的确打开了无意识世界的第一道曙光,不过那道曙光的源头不是来自实验心理学的科学实验,而是来自一个临床观察案例——安娜·欧(Anna O.)的治疗案例,这也是精神分析历史上最著名的开创性案例。

这其实不是弗洛伊德的案例,而是他的同窗布洛伊尔的。早年弗洛伊德和布洛伊尔都曾经在布吕克教授(Ernst Wilhelm von Brücke)[1]的指导下接受物理主义

---

[1] 恩斯特·威廉·冯·布吕克(1819—1892),德国著名医学生理学家,弗洛伊德在维也纳大学学医期间曾在布吕克的生理学实验室中从事研究工作,深受布吕克的影响。

和生理学训练，他们都被告知，心理学是有关中枢神经系统的研究，心理能量就是由大脑细胞所供应的物理能。由此，他们得出推论——心理活动有赖于有机体所供应的能量，当能量水平过高时，能量便需要释放。

如何释放这种心理能量呢？1880年，布洛伊尔给一个女病人安娜·欧治疗歇斯底里症的时候发现，在催眠状态下让病人说出那些被压抑的念头，可以使其症状得到缓解。于是，布洛伊尔把这种让患者说出被压抑念头的疗法称为"涤清法"。

安娜·欧是布洛伊尔首创的"涤清法"的第一位受益者。她患病时才21岁（1880年），她的病是在她服侍她衷心敬爱的父亲时开始发作的，症状有贫血、厌食、内斜视、四肢无病理性的麻木与疼痛、言语错乱、失神等。1882年4月安娜·欧的父亲去世后，她又爆发了深度昏迷、四肢麻木、幻觉、自杀冲动、失神、双重意识等症状。

布洛伊尔首次接触这个女病人时，她的临床症状包括全身痉挛性麻痹、精神抑制和意识错乱等。在一次偶然的实验中，布洛伊尔发现，如果让她用言语表达出病症发作时的那些笼罩着她的幻想和妄念，就能缓解她的意识错乱症状。

根据这一发现，布洛伊尔觉得自己创造了一套新的治疗方法。用这种方法意味着要把患者催眠到很深的程度，然后要病人告诉医生每次发作时被压抑的到底是哪些念头。布洛伊尔用这种方法治疗了病人反复发作的抑郁性意识错乱，后来他又用同样的方法为她解除了各种意识和肉体上的毛病。经过这种解除被压抑想法的独特疗法，布洛伊尔治愈了病人。病人康复之后，一切心理功能变得正常而且能从事复杂的工作。

这种让患者自己用言语表达被压抑的想法的方法，布洛伊尔称之为"谈话治疗法"或"烟雾扫除法"。后来他把这一方法简称为"涤清法"或"净化法"。1882年11月，布洛伊尔把安娜·欧的病例告诉了他的同学弗洛伊德，弗洛伊德对布洛伊尔的方法非常感兴趣，因为他在治疗中也开始注意到心理因素的作用。后来，弗洛伊德也将这些方法运用于他自己的患者。

1895年，弗洛伊德与布洛伊尔合作出版了《癔症研究》一书。这本书报告了案例中运用的治疗方法，但是从这本书以后，两人也走向了分歧。他们的核心分歧在于，弗洛伊德根据达尔文的性选择观察认为，性冲动在癔症病因中起到决定性作用，也就是说，他认为安娜·欧照顾父亲时被压抑的乱伦性欲，才是让她生病的原因；而布洛伊尔更倾向仅仅是那些被压抑的想法是致病的原因。其次，布洛伊尔不能直面病人对他的移情，因为后来安娜·欧爱上了布洛伊尔，这让他的催眠加宣泄的疗法失效。弗洛伊德则认为，这种移情是治疗的一部分，而且是新的开始，医生正是通过移情过程开始觉察到病人心里被压抑的情感和问题，从而导向治疗。

两人分道扬镳后，弗洛伊德发展了这种解除无意识压抑的疗法。因为这种疗法是通过分析想法来解除被压抑的欲望，故而被称为"精神分析"。尽管如此，弗洛伊德还是承认这种话语宣泄法是精神分析的核心，他自己后来也说："宣泄法是精神分析的直接先驱，尽管有各种经验的扩展和理论的修正，但它依然是其核心。"

正是在安娜·欧的治疗案例中，弗洛伊德意识到无意识世界的深邃，而抵达深邃的无意识世界的方式就是催眠。弗洛伊德还发现，自由联想同样具有催眠的效果，同样可以把被压抑的无意识想法引导出来，于是他才决定创立以"自由联想"为核心的精神分析技术。这种自由联想技术在某种程度上保留了催眠的精髓，但是又比催眠更容易操作。后来，他还把自由联想运用在释梦实践之中，分析了安娜·欧案例中的梦境，并展开了对梦境的分析。

在梦境分析中，弗洛伊德发现梦境同样是一个欲望被伪装、被压抑的叙事载体，于是他开始通过梦境分析来发现被压抑的欲望。这意味着，不用催眠，而是仅仅靠清醒状态下说出的梦、口误或联想，就可以把精神分析师引向患者被压抑的欲望，而这些被压抑的欲望就是很多心理疾病的根源，解除这些被压抑的欲望，就可以治疗癔症患者。

当然，这一切的发现都离不开弗洛伊德对催眠的创造性化用。可以说，他把催眠转化为自由联想，才是古典精神分析得以确立的关键过程。

从催眠到自由联想

在《自我与本我》一书的开篇,弗洛伊德强调,普通读者是因为没有对催眠和梦做研究,所以才会觉得潜意识是荒谬的、不可能的存在。催眠在很多年前就已被他抛弃,为什么在这本晚期理论总结的书中,他再次强调催眠的作用呢?

这是他没有解释的部分,或许也是他的虚荣心让他不愿意解释的部分。在他发明精神分析之前,他的同学布洛伊尔就是通过让病人进入类催眠状态,说出被压抑想法的方式,治愈了病人。在布洛伊尔把这种方法分享给弗洛伊德以后,弗洛伊德发现这种方法的核心就是诱导病人说出被压抑的欲望,但是并不一定要通过催眠,用自由联想等方式也可以让病人说出被压抑的想法。不过对比来看，自由联想保留了催眠的基本结构：

有一个主导联想的分析师，也就是医生——催眠者；

有一个被动地接受分析师说出联想元素指令的病人——被催眠者自我；

有自由联想的材料与继续联想的指令——催眠指令。

如此看来，催眠与弗洛伊德发明的自由联想本质上是一个东西，都是外部主体部分掌管被催眠者的自我，并使之做一些事情。差别在哪里呢？

差别在于，催眠是对被催眠者自我的全面接管，催眠者用命令式话语让被催眠者展开联想与动作。而自由联想保留了催眠的精髓——以分析师的角色接管被催眠者的部分自我，但是让被分析者在清醒状态下展开自由联想。也就是说，催眠与自由联想的心理过程本质是一样的，差别在于对被催眠者自我的接管程度不同。

弗洛伊德为什么要这么做？因为催眠内容没有经过意识化，没有成为被催眠者的主动思考内容，也就没法稳定地改变被分析者的心理状况。与催眠相比，自由联想的优点更加明显：

一是可操作性强。几乎任何智商正常的人都可以学习自由联想技术，只需要不断地询问被分析者对素材的自由联想，就可以抵达无意识的欲望真相。

二是心理治疗作用比催眠更好。催眠还是让无意识内容停留在无意识层面，而自由联想不仅让无意识内容浮动起来，而且形成了一个有线索的意识流。分析师正是通过这个过程，帮助被分析者弄清他的无意识欲望结构，让被分析者获得对自身无意识的觉察与觉醒，从而可以选择一种更加尊重自己无意识欲望的新生活。

弗洛伊德在晚期理论总结的时候再次强调催眠与释梦的作用，可见他还是真诚的。但是自从他放弃用催眠来治疗病人以后，他就再也没有论述过催眠技术。他对催眠和释梦的再次强调也说明，催眠是他进入无意识领域的第一入口，这个入口是通过癔症病人的病理症状打开的，故而还不够普遍，因为在常人看来，心理病人毕竟是少数人。

相较而言，释梦可以说是他深入无意识海洋的第二入口，从释梦开始，弗洛伊德才确证了无意识是经过压抑而隐形存在的。

弗洛伊德的无意识发现之旅

如果说安娜·欧案例是弗洛伊德打开无意识世界的第一道曙光,那么他的释梦研究就是第二道曙光,它彻底打开了人类的无意识世界。

如果要做一个对比的话,"贝格尔号"是达尔文进化论发现之旅的起点,释梦则是弗洛伊德发现无意识世界的起点,甚至可以说,释梦研究旅程就是弗洛伊德的"贝格尔号"。当然,他是通过"癔症研究"才登上了这艘无意识研究的"巨型轮船"的。

在弗洛伊德与布洛伊尔合著的《癔症研究》一书的注释中,我们还可以找到他最早分析梦的文字:

> 几周来，我感到自己必须换通常睡觉的床，换成较硬的床，在这个床上，我有更多或更活跃的梦，甚至我不能达到正常的睡眠深度。在醒后的最初15分钟，我记起晚上所做的全部的梦，我不怕麻烦地把它们记了下来，试图去解决。我基于两个因素成功地追溯着所有这些梦：（1）必然会产生白天我只是仓促考虑的各种想法，这些想法只是触及而没有最后得到解决；（2）强迫性联系任何可能同样存在于意识中的想法。梦的无意义性和对抗性可追究为后一个因素不受限制地占了优势的缘故。

这是目前关于弗洛伊德梦研究的最早文本记录。这段话表明：他在"癔症研究"临床案例中发现意识压抑现象以后，就开始了对梦境中压抑含义的解读，再加上他自己的梦境特别丰富，这为梦境研究提供了很好的便利。

或许,"癔症研究"中的临床案例观察才是他释梦研究的突破点。因为那几个案例中的患者都有因为欲念压抑而引起的身体症状,而在催眠或自由联想中说出被压抑的欲望以后,症状就消失了。更关键的是,他们被压抑的欲望还以梦境的形式呈现出来。弗洛伊德可能就是从这里开始决定深入研究梦境的。

在与布洛伊尔合作写完《癔症研究》以后,弗洛伊德开始了长达五年之久的梦境研究,然后才有了《释梦》这部解开人类心灵运作秘密的划时代作品。但是为什么弗洛伊德一口气花了五年时间来研究梦境?

因为梦境是每个人都会经历的精神现象,而且正是通过对梦境的无意识含义的解读,弗洛伊德才用语言学的方式证明了无意识的存在。不得不说,这种证明思路非常天才。为了说明弗洛伊德的天才之处,我们有必要列举一个他分析的经典梦境。

这是弗洛依德分析得最详细的一个梦,梦者是一位已经订婚的女士，她在婚期延迟后做了这样一个梦：

"我梦见在桌子中央摆了些生日鲜花。"

就这样一句简简单单的梦境描述，看起来可以说是平平无奇。但是，经过弗洛伊德自由联想式的询问，这个梦境展示出了令人惊叹的信息量。

经过梦者的自由联想，弗洛伊德发现："桌子中央"象征的是梦者和她的生殖器；"花朵"的联想是"珍贵的花，任何人都必须付出代价"，也就是说花朵是对桌子中央（也就是生殖器）的意象化展开；而"生日"则与降生一个婴儿有关。

这意味着，这个看似平平淡淡的梦境，其实表达了梦者想要尽快结婚生子的欲望。当然，弗洛伊德的分析过程更为详细而庞杂，他通过自由联想把梦境话语与无意识欲望连接起来，让我们可以清楚地理解梦境的无意识含义，并且这个分析也得到了梦者的高度认同。

正是通过释梦研究，弗洛伊德得出了关于"梦境"这种无意识溢出现象的经典定义，他说，"梦是欲望的

1935年，弗洛伊德在位于维亚纳伯格街19号的办公室里。照片中的棕色雌松狮，正是弗洛伊德最爱的动物。在他的一生中，身边一直有狗和家人做伴，他将它们与"人类居住者"置于同等地位，并称它们为"女士"。在弗洛伊德眼中，狗是未经文明挤压的例外生物，是自我的完美存在，没有爱恨交织，因此人类可以全身心地爱它们。他始终认为在人类和动物性之间存在一个断层：语言和文化的断层。（图注内容部分引自《精神分析私人词典》）

满足"。这个定义是他通过对1000多个各类梦境的分析得出的结论。

这个对梦的定义意味着什么呢？简单说，其实包含了对无意识的一个结构化描述，这个定义意味着：

一、无意识是被压抑的，压抑的力量可能来自自我意识，也可能来自社会；

二、意识与无意识构成了一组压抑与被压抑的结构，这就是精神分析研究无意识后得出的第一个结构化分析结论。不仅如此，弗洛伊德还用语言学的方法证明了这种无意识现象的存在。

———

或许很少有人会注意《释梦》这本书中，弗洛伊德评价释梦技术时的一个细节："将来某一天，是否可以在此（他做此梦的房子）立一块石碑，上面刻上'1895年7月24日，在此屋之内，西格蒙特·弗洛伊德博士揭示了梦的秘密'。"

这是他1900年6月12日写给友人弗利斯的信中说的一句话。这时候《释梦》这本书刚刚出版,弗洛伊德正沉浸在发现新世界后的巨大兴奋之中,极度的亢奋促使他写下了上面这句话。难道释梦真的有这么重要吗?抑或这句话只是他一时兴起的自夸之言?

三十年后,他在《释梦》英文版序中说的另一句论断,证明了此言非虚。他说:"这本书包含了我有幸能做出的发现中最有价值的部分。这种洞察力即使让人有幸碰上,一生也不过一次而已。"

这可是三十年后的论断!这时候弗洛伊德已经写出了《超越快乐原则》《自我与本我》《图腾与禁忌》等核心著作,他已经闻名欧洲,蜚声世界。可是,他对释梦技术的重要性依然如同三十年前他最兴奋时所作的评价一样,而且还用了"最"字来形容释梦技术的重要性。

释梦到底有多重要?可以这样说,就好像当大家都没见过树林的时候，有一个人告诉大家一个知识：树都是有树干的，而且都藏在树枝、树叶当中。作为对心理结构理论的描述就是：梦境都是有结构的，而且这个结构隐藏在伪装和符号之中。释梦技术第一次打破了人类心理的伪装，让我们看清了人类心理结构中无意识的存在，知道了梦与口误的含义，理解了心理结构。

《释梦》之后的许多著作，都可以看作是弗洛伊德对人类现象一次又一次的释梦技术演示：《日常生活中的心理分析》是对口误、错失行为的释梦式分析，《性学三论》是对人类性心理的释梦式分析，《达·芬奇的童年回忆》（1910年）是对达·芬奇创作心理与同性恋倾向的释梦式分析，《图腾与禁忌》是对人类心理起源的释梦式分析……

诸如此类的分析案例还有很多，**而1923年的《自我与本我》，其实就是弗洛伊德对人类心理结构的释梦式分析**——看完梦境状态、日常清醒状态、无意识状态、历史神话状态等各种状态的心理运作以后，弗洛伊德终于觉得可以对心理结构做一次总结性描述了，于是就有了《自我与本我》这本书。

———

与弗洛伊德对释梦技术的巨大兴奋相反的是，仅仅靠释梦并没有让其取得决定性胜利。一个现实的证明就是，《释梦》这本书在出版后的8年里才卖了不到500本，可见大众和专业人士都没有意识到这本书的重要性。

于是，弗洛伊德继续通过研究口误、失误动作，展示了日常生活中的无意识溢出，并通过幼儿心理学观察，得出家庭关系中的结构性压抑建制。这一切的压抑现象指向了一个被压抑的领域，那就是人类的无意识世界。

口误与笔误有什么深层含义？表面看来，口误就是不小心说错话。但从无意识角度看，口误恰恰是无意识欲望有意为之，是无意识的一种溢出。同样的逻辑，错失行为也不是简单的失手，而是无意识层面本来就想失手、就想做错某件事。为什么会说错、做错？背后其实有深刻的无意识原因。

弗洛伊德在《日常生活中的心理分析》一书中分析了大量的口误案例，但是那些案例都是牵涉德语单词的口误，我们读起来不容易懂。所以下面我来说一个自己分析的案例，让读者感受无意识的力量。

我有一位来访者是一位新闻行业从业十年的资深记者，他说自己最近出了一些心理状况，想问问我怎么回事。他说，自己老是做错事，不是笔误就是口误。例如有一次，他把一个关于湖北的新闻误写成了"湖南"，虽然及时发现后纠正，但这让他非常有压力，毕竟这属于重大失误。

除了笔误，他又说了一个经常犯的口误，他总是在微信聊天中把"你"说成"我"。

于是，我让他对"湖南"做一下自由联想，想想关于湖南的事。他说，湖南是他新闻理想开始的地方，对他的人生意义重大。

这时候我已经基本明白问题所在，就开始分析。我说，这是因为最近你的无意识一直在思考自己是谁，重新寻找人生的方向。他当时已经36岁，对记者职业产生倦怠，正在考虑未来人生何去何从。他的无意识对此应该是焦虑的，所以才会发生这些口误和笔误。回到他的笔误和口误，我们会发现：他的笔误把"湖北"写成"湖南"，正是因为他在重新思考自己的职业生涯起点和初心，或许他在重新估计自己所做的事有什么意义。他的口误把"你"说成"我"，说明他的无意识时刻都在焦虑"我是谁"的问题，这是他对自己身份的重新思考和评估，也是人生迷茫的一种证明。

这些口误和笔误，都反映了他的转型焦虑。是回到初心，还是重新选择？口误和笔误就是一个内在的询问，让他重新思考"我是谁""我应该到哪里去"的问题。

当我把分析告诉他以后，他觉得有种通透感，明白了问题的根源。我补充说，还是要把无意识和意识层面面对的问题解决掉才行，不然还是会有别的失误发生。他表示同意，说这个分析一语中的。

有了上面这个中文语境的案例，我们会更加容易理解口误与笔误的心理学：实际上，无论是口误还是笔误，都是我们无意识主体的外部投射，或者说是无意识的符号书写。当我们困扰的问题成为一个解决不掉的问题，它就会慢慢进入无意识层面，变成一个无意识需要时刻消化和处理的问题。

无意识处理问题会以怎样的形式展示出来呢？白天就是口误、笔误等错失行为，晚上就是各种梦境，并且通常是带有焦虑情绪的梦。这时候，精神分析的介入一方面可以帮助分析者直面问题，另一方面也可以帮助分析者看到他的无意识给出的解决方案。

无意识也会解决问题吗？是的。很多人苦思冥想的问题，都能在梦中得到答案。有的答案人们自己明白，有的答案则需要分析师的揭示才能够明白。这就是分析的另一个价值：理解无意识的洞察。

释梦到底有多重要?

就好像当大家都没见过树林的时候,有一个人告诉大家:树都是有树干的,而且都藏在树枝、树叶当中。

作为对心理结构理论的描述就是:梦境都是有结构的,而且这个结构隐藏在伪装和符号之中。释梦技术第一次打破了人类心理的伪装,让我们看清了人类心理结构中无意识的存在,知道了梦境、口误、错失行为的含义。

# 第二章　心理结构的发现

Chapter Two

作为心灵解剖学的《自我与本我》

2000年诺贝尔生理学或医学奖获得者埃里克·坎德尔（Eric Richard Kandel）对精神分析是这样评价的："到目前为止，精神分析仍然是关于人类心智的最好模型。"

坎德尔的主要研究领域是记忆，代表作为《追寻记忆的痕迹》（*In Search of Memory*，2006年）。他对精神分析非常有兴趣，还大力支持《神经精神分析》（*Neuro-Psychoanalysis*）杂志，并担任该杂志编委会成员。尽管坎德尔没有从事具体的神经精神分析学研究，但他为神经精神分析学的发展勾勒了一幅大略的图景，并以其巨大的影响力为神经精神分析学呐喊助威。他认为："弗洛伊德的大格局的心智结构，似乎注定要扮演类似达尔文的进化论对分子遗传学的角色。弗洛伊德可以作为模板，使新发现的各项细节安置得有条不紊。同时，神经科学家也在为弗洛伊德的一些理论寻找证据，并找出隐藏在他描述的心智过程背后的机制。"

要知道，围绕在他身边的都是顶级的脑科学家，他们在结构和化学等层面对精神进行了大量的研究。可是，这样一个科学家为什么痴迷于精神分析建构的心智模型呢？

核心原因在于精神、心灵、意识这些内容都是没办法用科学技术来测量的，而弗洛伊德硬是在一片空无之中找到了心理结构的形式与内容，还找到了证明心理结构的方式。更关键的是，弗洛伊德原先就是一位神经科学家，他的科学家身份也让他的心理学发现有了说服力。

那么，弗洛伊德描述了一个怎样的心灵图景呢？

一是对人类的意识世界做了一个全新的划分。他把心理意识世界分为"意识""前意识""无意识"三个部分，意识就是我们感觉到的部分，前意识是有意识与无意识的过渡带，无意识则是我们只能以梦境、口误等方式看到表象的深层意识。

二是对人类个体的人格结构进行了描绘。他把人格结构分为"本我""自我""超我"，本我就是食欲、性欲等本能欲望，自我是调整本能与社会意志的结构，超我则是理想化的社会人格（在这里，我们先做如上简单解释，下文再详细分析人格结构与其运行动力）。

简而言之，弗洛伊德第一次用结构化的逻辑对心灵结构的各个部分命名，让这个模糊的心理内容具有了可视化的呈现，让人类第一次可以沿着一条小径进入其内部。这就是《自我与本我》这本理论著作的重大意义——它首先提出了一个关于意识结构的模型，然后还提出了一个关于心灵的解剖模型。

无法摆脱的俄狄浦斯情结

弗洛伊德为何能够具有描绘心理结构的能力？前面我们详细论述了释梦在这个过程中的重要性，但没有提到，弗洛伊德在释梦的过程中最大的发现，其实是俄狄浦斯情结。弗洛伊德发现，人们在梦中经常出现遇到性意象就会有罪恶感的心理感觉，并且这种心理感觉最终都指向"弑父娶母"的罪恶感。实际上，这种罪恶早已被人类克服，现在的人类已经不会犯这种人伦之罪，但是在梦境中，人依然会犯这种罪。由此，弗洛伊德才敢说无意识世界是一个更为本质的世界，是一个保留了心灵古老结构的世界。他也因此提出了俄狄浦斯情结和心理结构学说。

那么，弗洛伊德是如何把俄狄浦斯情结转化为心理结构学说的呢？如果从无意识角度看，《自我与本我》描绘的心理结构图与人格结构图的内核都与俄狄浦斯情结有关，甚至可以说，心理结构图就是俄狄浦斯情结的理论化翻版。

为什么这么说呢？我们先看俄狄浦斯情结。俄狄浦斯是希腊神话中的一个人物，他的父亲被告知这孩子未来必将杀死父王、娶母后，于是父亲让下人把俄狄浦斯流放。结果下人把俄狄浦斯偷偷送给了牧羊人，俄狄浦斯长大后在不知情的情况下杀死了父亲，娶了母亲，最后遭到天谴。为惩罚自己，他挖掉了自己的双眼，并把自己流放。

这个故事中，俄狄浦斯弑父娶母的欲望就是无意识的欲望。这个无意识欲望的叙事结构，弗洛伊德在解析无数的梦境时都发现了，也在《哈姆雷特》等文学作品中发现了。这种欲望的心理学本质是孩子对同性家长的性认同①，进而产生对异性家长的性幻想。这种被文明视为乱伦禁忌的欲望在孩子成年后其实并没有消失，而是以找一个类似父母的亲密关系对象来实现。也就是说，我们的无意识本我经过阉割后，用变形的方式实现了本我的欲望满足。

俄狄浦斯的父母与写下俄狄浦斯寓言的作者，都可以被看作是一个超我结构，这个超我早就清楚本我的乱伦欲望，也清楚这种无意识欲望的危害，于是用神谕的方式寓言了乱伦后将会获得的惩罚。

俄狄浦斯就是那个可怜的自我，这个自我被欲望驱使，又被超我打压，最后还要受到身心惩罚。这就是自我的真实写照。

那么，人类为什么无法摆脱俄狄浦斯情结？读过弗洛伊德著作的人都知道俄狄浦斯情结，也都知道这个"弑父娶母"的心理学原型神话。实际上，作为弗洛伊

---

① 性认同指个体对自身性别的认同或理解。

德精神分析理论的基础概念，这个概念诞生至今依然饱受争议。

为什么有百年历史的精神分析核心概念依然饱受争议？不仅是因为"泛性论"，还因为这是一个源自希腊神话故事的概念，而且是一个无法用科学手段量化证明的概念。要证明这个概念或许不能依赖科学检测，而应该回到现象与现实，因为精神分析是一门以观察为基础的现象学学科。俄狄浦斯情结是人类文化中的现象，要证明这个现象的存在与运行，只需要陈述事实：

首先，人类文明是建立在以乱伦禁忌与族外婚为核心的性压抑机制基础上的独特文明。放眼望去，人类之外的物种都没有明确乱伦禁忌机制，但人类在大概几万年前以残暴的性压抑方式建立了禁止乱伦的机制，这种机制让禁忌事物必须以替代符号出现，进而促成了语言文字的诞生，这就是人类文明的诞生秘密。以乱伦禁忌为核心、以族外婚为制度的一整套性压抑机制，在几万年前还是不存在的，今天的人却习以为常，这或许是人们误解精神分析的核心原因。人们觉得各种性禁忌很正常，所以才会把精神分析揭示的各种变态欲望视为奇谈怪论。

其次，人类文明中的性压抑依旧没有消除。古代有乱伦禁忌和族外婚制度，我们对此已经习以为常。近代以来，虽然经历了性解放运动，但是经过女权主义运动、精神分析运动，各种变态性欲望并没有得到解放，而是依然被管制和压抑。

最后，无论古代家族还是现代家庭，俄狄浦斯情结的三角结构都是现实存在的现象。古代的家族中，作为阉割力量的父辈、作为保护性的母辈和作为被阉割的孩子，都是存在的。今天的简单家庭中，作为阉割力量主体的父亲、作为欲望客体的母亲和作为被阉割的孩子，依然存在。只要这组三角结构还存在，俄狄浦斯情结的心理运行动力就存在，这个概念就不会过时。

那么在未来，作为一种现象学概念，俄狄浦斯情结会不会消失呢？我认为，除非人类消失，否则这个概念就不会消失。因为人类的根本心理能量都来源于俄狄浦斯情结中的阉割结构，人类正是因为原始欲望被阉割，才幻化变形出了各种创造欲望。用金融学的概念来讲，性压抑才是人类心理能量的"资金池"。如果放弃性压抑，人类的心理能量大坝就会崩溃，一切因为阉割而积压的冲创欲望、一切因为压抑欲望而变形幻化投射出去的能量就没有了。

可以说，俄狄浦斯情结是人类心理现象中的核心想象，这源于人类采取了独特的性压抑制度，并形成了无限循环的阉割结构。这就是俄狄浦斯情结无法被回避的原因——一切关系可以用这个三角阉割关系来解读和理解，处理一切关系也都需要有这个维度的认知才能逐步超越，由此走向新的关系与生活。

———

如果说性驱力是被压抑的无意识欲望的根本力量，

那么俄狄浦斯结构就是产生这一欲望动力的关系结构。正是在父、母、子这个俄狄浦斯情结三角关系结构之中，人类接受了欲望的阉割与压抑，从而产生了超乎动物性欲的一种变形的性能量，建构了"代表压抑的超我、代表沟通的自我、代表被压抑的本我"这样的人格结构，进而开始了创造文明的过程。因此，俄狄浦斯情结这个概念展示的人格结构，就成为精神分析无意识动力的基础结构，同时，它也是一个造成心理问题的基础困境。

可以说，俄狄浦斯情结是近一百年来最成功的心理学学术概念之一，也是弗洛伊德心理学发现中最闪亮的明珠之一。正是从这个家庭欲望结构中，弗洛伊德才建构了心理结构和人格结构理论。俄狄浦斯情结之所以如此重要，还在于它几乎贯穿了蒙昧时期以后的所有人类文化现象。如果用释梦的方法分析，会发现在很多人类文化现象中都有一个同构的内核——俄狄浦斯情结。

一是释梦中的俄狄浦斯。弗洛伊德是通过释梦发现俄狄浦斯情结的，实际上，俄狄浦斯情结是男性梦的根本特征，也是类型电影中性与暴力总是如影随形的原因，动作片电影的核心母题都是弑父与乱伦冲动的梦境表达，也就是帮助观众用幻想叙事的方式重新体验这种无意识的罪与罚。我见过的一个经典梦例则是梦者在梦境叙事中把奶奶给爸爸，把妈妈留给自己，于是他在梦境中变相实现了娶母的欲望。

二是幼儿心理学观察中的俄狄浦斯情结。弗洛伊德讲过一个案例：孩子害怕马脸，其实是害怕爸爸来阉割他，这个孩子还强行要和妈妈睡觉，不许爸爸参与，这是幼儿观察中俄狄浦斯情结的表现。我在对幼儿园的观察中也发现有，3岁多的孩子就会冲着女老师脱裤子，可见3~6岁是幼儿的性发育期之一，但是这些孩子很快就会被阉割威胁所驯化。实际上，通过幼儿观察我们会重新发现，俄狄浦斯情结就是家庭三角关系，以及由此衍生的情感指向与矛盾。

三是俄狄浦斯情结的变形。俄狄浦斯情结先是被弗洛伊德变形为本我、自我、超我的心理结构描述，后来又变成了生本能与死本能的理论化概念，并且还衍生出了个体心理学与群体心理学的区分。

四是戏剧中的俄狄浦斯结构。所谓戏剧性，就是人面对悬而未决的命运裁决时的张力，就是那始终没有落下的命运之刀的悬念，人在这个时候的反应、挣扎和反抗或许改变了什么，或许什么也没改变——我们看戏剧，看的就是这个。往深处说，那把命运之刀就是原始父亲的刀——权威之刀，就是你反抗之后可能会遭受命运裁决的刀。所谓悲剧，就是被父亲、被命运的惩罚。"悲剧之父"埃斯库罗斯（Aeschylus）的代表作《被缚的普罗米修斯》讲述的就是这样一个故事："盗火者"普罗米修斯从天界为人类带来光明与温暖，甘受宙斯惩罚。"戏剧艺术的荷马"索福克勒斯（Sophocles）的代表作《俄狄浦斯王》讲述的也是这样一个故事：他以倒叙"追凶"的方式讲述了俄狄浦斯王发现自己就是"弑父娶母"的罪魁祸首，俄狄浦斯情结由此被后世心理学家当成了恋母情结的代名词。此外，哈姆雷特的故事其实也是一个隐晦的弑父娶母的故事。

所谓喜剧，其实是对父亲、对命运的嘲讽，是弱者的反抗，是对权威的消解，同时也揭示了命运的荒诞。如果说悲剧是人对原始父亲和命运的直面，那么喜剧就是对原始父亲、对权威、对命运重压的消解和逃避。希腊喜剧作家阿里斯托芬（Aristophanes）的代表作《云》《鸟》《阿卡奈人》等，都有着这样的内涵。幽默与讽刺在心理学上的含义，都是弱者对权威的最后反抗。

五是宗教中的俄狄浦斯结构。基督教中的"圣父—圣灵—圣子"其实就是俄狄浦斯结构，简称三位一体。圣灵其实就是圣母，由于父系神对母系神的贬斥，圣母被改成了圣灵。宗教中的神其实是人类社会人格、群意志的人格化意象。神是人类提升到高处去的一股拉力，是人类这个物种进化的永恒象征；人是一种中间物；人的动物性本能如同魔鬼一样，是神要剪除的东西。

"神—人—魔"也构成了一组俄狄浦斯结构。

六是社会结构中的俄狄浦斯结构。西方的"国王—贵族—平民"的结构其实也是俄狄浦斯三角关系结构的一种，国王相当于父亲或者权威，贵族相当于自我结构，平民则相当于本我结构。中国的"君王—官僚地主—农民"的结构也是同样的俄狄浦斯结构，皇帝如超我一样威严可怕，官僚如自我一样管理与沟通上下层的欲望，农民如本我一样充满无意识的冲动。社会结构中塑造了人类"本我—自我—超我"的人格结构，人格结构与社会结构也是一组同构，内核就是俄狄浦斯情结。这样看待人类心理和人类社会，就会比较通透了。

从这一系列的同构的俄狄浦斯结构中，弗洛伊德意识到，心理欲望的流动其实有一个结构，而这个结构最早基于原始家庭，后来基于宗教群体或者国家。无论如何，人作为个体都会在人类群体中被这个结构塑造。

人总会遇到一个有家长意志的家庭或组织，这种群体意志就形成了类似父亲的意志，代表着压抑的超我力量。人总会因为群体意志的力量需要，调节自身欲望与社会要求，于是就有了自我这个结构性功能。人总会把被压抑的欲望变着形式表达出来，这就有了被压抑的无意识欲望结构，具体到个人，就是本我结构。

由此我们就会发现，俄狄浦斯结构中的三个要素"父亲及其类似结构、母亲及其类似结构、孩子及其类似结构"，其实就是人类人格结构的三个主要力量。为了定义和命名这三个力量，弗洛伊德重新用结构化的方式命名了"超我""自我""本我"这三个名词。

说到这里我们就会明白，只有打通了弗洛伊德案例背后的理论通路，才能拨开他的迷雾，抓住其理论的精髓。最后我们会发现，弗洛伊德所有的书竟然都在讲同一件事：一切都来源于释梦，而核心发现正是俄狄浦斯情结，"无意识—前意识—意识"这组心理结构与"本我—自我—超我"这组人格结构不过是俄狄浦斯情结的理论化变形版本。

心智结构的第一张地图：心理结构

如果我们把灵魂或内心世界看作海洋，我们应该如何探索这片海洋？弗洛伊德拿出了两张地图，一张是"意识—前意识—无意识"（心理结构地图），另一张是"本我—自我—超我"（人格结构地图）。

弗洛伊德建构的心智结构中，第一张地图就是心理结构图，他把心理结构分为意识与无意识两大部分，并且认为无意识才是心理结构的主体部分（或者说本质部分），而意识不过是无意识的一种外显。这是一个关于人类心理认知的革命性核心扭转。

为什么这么说？在此之前，人类认为人是可以认识自己的。但弗洛伊德用事实告诉人们，你意识到的并不是自己，那个真正的你自己其实在无意识之中。想要认识你自己吗？去做个精神分析吧，弗洛伊德能通过梦境和日常症状，帮助你认识那个无意识的自己。从这个角度看，弗洛伊德的这个扭转类似哥白尼对物理学的"革命"——让以为地球是宇宙中心的人类第一次意识到，原来自己的星球不过是一颗围着太阳旋转的普通行星。

在抛出这个革命性观点以后，弗洛伊德知道有很多人肯定不会同意，所以补充了一句："我相信这只是因为他们从来没有对使这种观念成为必要的催眠和释梦的有关现象——除了病理现象——加以研究。"这句话的意思是说，如果你对释梦和催眠一无所知，就不会懂"无意识才是主体"的含义，更加不会理解无意识比意识还重要的原因。

考虑到有些人会反驳，他还补充了一句："他们的意识心理学在解释梦和催眠的各种问题时显得无能为力。"这句话可以说是非常具有攻击性的。寥寥数笔，弗洛伊德就抛下了一个重磅炸弹：无意识才是心理的主体部分。然后，他不温不火地讽刺了意识心理学的无能为力。

为什么要把心理分为意识和无意识两个部分呢？弗洛伊德天才地找到了一个关键因素，那就是压抑。正是压抑，让我们的很多欲望与想法被埋藏了。在《本我与自我》中，弗洛伊德没有解释压抑的来源。其实这个压抑概念的来源有二：一是在释梦的过程中，弗洛伊德发现梦境其实是被压抑的欲望的满足；二是来自俄狄浦斯情结中的欲望压抑结构，简单说就是由父母亲代表的社会意志对孩子的欲望进行了压抑，于是我们才成为文明人，不然就会是野蛮人。

正是在压抑这个关键结构之上，弗洛伊德建立了无意识的概念。这个被压抑的无意识又分为两个部分：一部分是可以变为有意识的内容，另一部分是不能变成意识的内容。前者被弗洛伊德称为前意识，就是可以转化为意识的那种无意识内容（比如在半睡半醒时刻的一些本能欲望念头），或者说就是意识与无意识之间的过渡带。他把后者——不能变成意识的内容——称为无意识。

有了意识与无意识这个区分，他也没忘记自我的归属。弗洛伊德说，自我就是人的心理连续过程，管理着意识层面的内容。由此推导出了一个精神分析的基本方法：精神分析的第一个任务，就是去掉意识中的压抑因素，从而展现人的真实欲望，或者说帮助人认识到真实的自己。

在去掉自我压抑因素的过程中，弗洛伊德从临床分析的角度出发，认为因为压抑本身就来自自我意识，所以自由联想在这个过程中也会陷入无法联想的境地，这就是说，自我意识本身也会形成一个我们意识不到的内容，也就是被压抑的内容。当然，这些分析都是他在描绘出心理结构以后的一些技术性推论，这些推论都来自他的精神分析经验。

综上，弗洛伊德首先提供了心理结构，也就是"意识—前意识—无意识"这个结构。从这个结构视角看，弗洛伊德认为自我也有无意识的属性，于是进一步就可以推导出人格结构了。

被压抑的无意识又分为两个部分：一部分可以变为有意识的内容，另一部分则不能。

前者被弗洛伊德称为前意识，就是可以转化为意识的那类无意识内容（比如在半睡半醒时刻的一些本能欲望念头），或者说就是意识与无意识之间的过渡带。他把后者——不能变成意识的内容——称为无意识。

心智结构的第二张地图：人格结构

所谓人格结构就是心理结构的变形版本，或者说就是人类整体心理结构假设的个体版本。在《自我与本我》的第二章和第三章，弗洛伊德就给出了一幅人格结构图——"本我—自我—超我"的结构图。

先说本我。弗洛伊德把人人都具备的性欲和攻击欲望看作本我，他认为这种内在的力量是人格力量的基础，或者说就是人格驱力的源泉。这种驱力由于受到压抑而试图寻求释放，得不到释放就是不愉快的，而得到释放就是愉快的。按照弗洛伊德的观察，这个驱力有如下特点：一是这个驱力源于身体的某个部分，比如口、肛门和性器官；二是这个驱力会有享乐的目标，比如乳房、性对象等；三是这个驱力会受到压抑，那就是来自外部世界的压抑，这种压抑建制的核心是乱伦禁忌与族外婚制度；四是这个驱力会有一个客体，比如依恋对象。

本我的运行有两个特点：一是本我的运行原则是快乐原则，它没有时间和规则的概念，总是寻求享乐或者变形的享乐形式。本我的运行还是无意识的，通过梦境、口误等无意识溢出的内容才被觉察到。但是，也通常难以理解，只有通过分析才可以得到其内在含义。

本我的能量分为生本能和死本能。生本能就是生存和自我繁衍的本能，死本能就是攻击与毁灭本能。弗洛伊德认为，这两种本能背后都是力比多[①]——也就是一种性能量——在驱动。弗洛伊德之所以坚定地认为性才是人格驱动力，在于他吸收了达尔文的性选择理论——人类是经过了特殊的性选择机制才成为人类的，所谓的

[①] 力比多是英文libido的中文音译，其基本含义是表示一种性力、性原欲，即性本能的一种内在的、原发的动能与力量。

特殊的性选择机制指的是人类建构了独特的性压抑制度，而这个制度的核心就是前文提到的乱伦禁忌与族外婚制度。因为这种压抑制度，人类比其他灵长类动物的性成熟期晚了一两年，这被弗洛伊德视为人与其他动物的根本区别。他认为，人类就是因为建构了这种欲望阉割与压抑制度，才得以把心理能量转移到文明创造之中，进而生成了人类文明。

再说自我。自我是本我为了安全地实现它的欲望享乐而发展出来的一个结构，因为本我虽然知道想要什么，但对于如何用符合道德的安全方式获得享乐，却又是盲目的，因为本我不考虑现实的约束。这时候，为了在现实允许的条件下获得本我享乐，就需要发展出一个自我，其核心功能是负责沟通本我与现实，按照现实原则运行。弗洛伊德认为，自我萌发于6岁左右，在此之前的人几乎完全受到本我享乐冲动驱使而活着。

自从自我诞生以后，人的享乐就受到了现实原则的压抑，只能通过变形的方式获得满足，这就是人从幻想到现实的过程，也是从完全享乐到有限享乐的过程。这个过程体现为神话，就是被驱逐出伊甸园——被驱逐的原因与其说是贪吃，其实是因为犯了社会意志的禁忌，也就是本我经受压抑以后写入了超我的意志，从而获得了评价好坏的智慧。

自我的核心功能是沟通本我与超我，提供现实检验、时间感、思考和判断。在心理咨询中，评估自我的功能就变得很重要，其核心就是评估来访者是否具有现实检验的能力。如果不具备，那来访者可能沉溺在幻想之中，咨询师需要做一定的分析介入。

从结构上说，自我是弗洛伊德把人假设为个体而提出的一个心理结构，但这个假设带来了很大的问题。因为人类并不是以个体心理的方式运转的，而是在群体关系结构中运转的。关于这一点，我将在后面的章节详细论述。

最后说超我。超我其实是人从6岁开始吸收越来越多的外部他者观念以后形成的人格结构，或者说，它就是我们吸收了父母的观念以后内化形成的结构。超我的特征通常与父母的特征相关联，有什么样的父母就会内化成什么样的超我。比如，有严肃的父母，就会内化出严肃的超我；有软弱的父母，就会内化出温和的超我。超我就是住在我们身体里面的父母，它的功能是评判我们的自我，同时指引自我向那个理想自我进发。超我分为理想自我和良心，理想自我代表自我的努力方向，而良心代表着外部道德。

总结来看，本我的基础是性欲望，遵循快乐原则。弗洛伊德认为人的本我是由生殖欲望驱使并追求快乐的一个能量基础。自我是调节本我与超我的一个人格结构，既要想办法满足本我的各种欲望，又要符合超我的各种道德要求。超我是内化了的他者看法和社会意志。

从发展来看，这个人格结构是人在1~6岁的时期基本形成的：1岁以内，父母对本我欲望的压抑方式就决定了我们的本我面貌，口欲得到满足的孩子未来会比较理性，而口欲得不到满足的孩子未来容易变成口欲享乐为主的人。2-3岁时，父母对我们的自我探索所做的约束决定了我们的自我好奇心强度，这个时期探索充分的孩子未来探索欲望强烈、敢闯敢干，而探索受到压抑的孩子未来则对什么都没太多兴趣。3~6岁，父母作为超我的内化情况决定了我们与人建构关系的方式，如果父母的关系模式内化较好，孩子就会用父母的关系模式对待世界，如果内化不好，孩子就会用其他养育者的关系模式来对待世界。比如有些孩子会去寻找"精神教父""精神教母"，从而获得一次关系的重建与心灵的重生。

从溯源角度看，"本我—自我—超我"就是俄狄浦斯情结的一个变形，本我就是以乱伦欲望为基础的变形欲望，自我就是满足欲望的各种方式，而超我就是父亲代表的社会压抑与禁忌制度。

"本我—自我—超我"其实源自达尔文讲过的原始家庭故事。达尔文认为，人类的原初社群是一个一雄多雌的原始家庭，父亲拥有绝对的性权力，男孩子长大到会对父亲产生威胁时，就会被赶出族群，而女孩子则会被留下。后来那些男孩重返家族，打败老王，然后互相争夺权力，甚至自相残杀。于是原始家庭由母亲们联合掌权，她们考虑到男性的争斗，就建构了乱伦禁忌与族外婚制度，这样一来，人类的本能欲望才被压抑下去，成为无意识深处的欲望。正是由于这种压抑建制的建立，人开始有被他者以禁忌法则凝视的感觉，于是就有了自我审视与自我阉割，形成了人格结构。说白了，这个人格结构是社会压抑和阉割建制形成的一个心理结果。

弗洛伊德把人人都具备的性欲和攻击欲望看作本我，他认为这种内在的力量是人格力量的基础，或者说就是人格驱力的源泉。

自我是调节本我与超我的一个人格结构，既要想办法满足本我的各种欲望，又要符合超我的各种道德要求，它提供现实检验、时间感、思考和判断。

超我是内化了的他者看法和社会意志，它就像住在我们身体里面的父母，评判我们的自我，同时指引自我向那个理想自我进发。

"本我—自我—超我"之间的动力学

弗洛伊德建构的"本我—自我—超我"人格结构的动力学基础是性驱力。这个性驱力一方面是生物本身的生物学意义上的繁殖驱力,同时还有因为人类以乱伦禁忌与族外婚为基础的性压抑建制形成的性欲望变形而来的欲望。因为这种欲望驱力都来自性但是又不止于性,所以弗洛伊德给这个驱力专门取了一个名字——力比多。

在人格结构中,本我就代表力比多欲望,一方面有生物性的性欲望,另一方面还有这种性欲望被压抑以后变形的欲望。这个变形的欲望不仅包含变态的性欲望,比如偷窥癖、恋物癖等,还包括创造性欲望,比如画画、写字、创作活动——都是被压抑欲望的升华形式。

从动力学角度看，一方面，本我是从性欲望中分化出来的；但是另外一方面，也是因为超我的压抑才让本我生成了创造性的驱力。这就意味着，缺乏超我压抑的人，常常是本我享乐型的人，会沉迷于食欲或性的享乐，无法经过压抑把性驱力转化为创造性驱力。这种人可以被称为"本我型人格"，这是一种超我缺位、自我失控而本我占据主导的人格，是人格结构动力失衡的结果。

如何管束本我并将之转化为创造力呢？从动力学来看，本我必须接受超我的压抑才会发生转化，这个压抑在人的成长史中就是来自家长的管束。父母建立的法则被内化以后，孩子就会形成自己的"自我管束"能力，本我就会受到压抑而不得不把性欲望转化为创造欲望。从精神分析上看，父亲的法则介入就是一种阉割的力量，当然这是一种心理层面对孩子欲望的阉割，而不是真实的阉割。

由此我们会发现，自我在人格结构中起到了连接本我与超我的作用。它要用一种符合超我道德要求的方式，满足本我的欲望（比如看电影就是符合超我道德的偷窥欲满足形式），还要用一种符合本我欲望指向的方式，找到不违反超我道德的特定欲望客体（比如喜欢丝袜等恋物癖，就是受到超我压抑后变形的欲望形式）。

自我是人格结构的中介，也是桥梁，还是转化器，它起到稳定人格结构的作用。一个缺失自我结构的人，要么陷入不受控制的本能欲望享乐之中，暴饮暴食、性瘾不止；要么陷入巨大的道德自责之中，觉得自己贪吃好色、一无是处。

那么，自我要如何形成呢？从动力学角度看，自我首先出自本我的欲望，但是还要受到超我的压抑介入，如此，才会形成连接本我与超我的那个自我。在具体家庭中，每个孩子都会有由食欲、性欲构成的本我；父母在孩子的发育过程中扮演了道德压抑的超我角色，当父母颁布各种"不允许"式的法则时，孩子的欲望就会被法则阉割，从而只能以变形的方式满足欲望。于是，这种变形的满足方式其实就形成了孩子的自我，比如有的孩子喜欢偷窥但是被禁止，于是这种欲望后来可能就会转化为一种摄影爱好，因为摄影是被道德超我允许的行为。

由此我们会发现，超我也是人格动力学的重要角色之一。父母中的父亲尤其要扮演好超我的角色，为孩子颁布禁令与法则，否则孩子就会陷入本我欲望之中。当然，这种超我禁忌并不是说要禁忌所有的欲望，而是要对欲望有所禁忌、有所引导，让孩子的欲望转化为创造性的方向，比如运动、学习、艺术等领域。当超我守住一些基本的法则与禁忌，孩子的欲望就会往别的创造性方向发展，这时候给予引导和支持，就会让孩子发挥自主性。这种从孩子自身欲望发展而来的自主性，就会沉淀为孩子的自我，并转化本我欲望，内化超我规则，建构出一个本我、自我、超我齐全的人格结构。

从心理治疗角度看，很多人之所以发生心理问题，就在于人格结构的缺损。比如，当父母长期替代孩子做决定，孩子的自我就无法建立起来，导致人格结构中的自我缺损。这时候，孩子在父母面前会很乖，离开父母却会陷入本能享乐。再比如，当父母作为超我对孩子完全不加管束，孩子就会放任自己的欲望和攻击性，以自我为中心而不顾别人，形成超我缺失后的本我型人格。因此，按照古典精神分析的逻辑，心理治疗的核心工作就是帮助被分析者看见自己被压抑的欲望，也就是看到自己的本我；在此基础上，适当地满足本我的欲望，从而形成用合乎超我道德的方式满足本我欲望的那个自我。当这个自我可以用合乎超我要求的方式稳定地满足本我的欲望时，精神分析治疗就基本完成了。这就是一种基于人格动力的治疗方案。

为什么弗洛伊德坚持"泛性论"

性驱力是性压抑建制造成的欲望之池,它成为人心理能量的基础部分。由此,人展开变形的本能性欲望,形成性变态,产生收藏癖、恋物癖等变形性欲望,并形成各种不同的自我类型。从这个观点延展开去,就是被后人诟病的"泛性论"。

"泛性论"可以说是精神分析遭受诟病的最大源头,但是弗洛伊德到死也没有放弃这个观点。这是为什么?

未经思考的怀疑都是廉价的,只有深入考察弗洛伊德面临的问题,我们才能真正地理解什么是泛性论,以及他为什么坚持泛性论。我以为,这件事必须从他当时面临的情况说起。在弗洛伊德那个时代,科学刚刚取得一点胜利,达尔文的思想也才刚刚被社会接受。但弗洛伊德发明的精神分析完全没法科学量化、检测,所以他只能拼命地寻找理论基石。最后他发现,达尔文已经把基石铺好了,那就是《物种起源》(*On the Origin of Species by Means of Natural Selection, or the Preservation of Favoured Races in the Struggle for Life*,1859年)和《人类的由来及性选择》(*The Descent of Man and Selection in Relation to Sex*,1871年)两本书中论证的基本论点:

1. 人类的心理和身体都是逐步从动物演化过来的,人身上有动物的兽性,也有人性;
2. 人类和低等动物一样,都经历了性选择的演化机制与推力,如此我们才有了漂亮的外貌。

弗洛伊德把性选择的问题深入了一步。他认为,猿人到智人演化的关键一步就是性压抑机制,也就是他在

《图腾与禁忌》中发现的图腾时代人类建立的"乱伦禁忌与族外婚制度",以及相关的一整套性压抑机制,这套制度成了人类文明的伦理基石。所以,他在《文明及其缺憾》(*Civilization and Its Discontents*,1930年)中断言,整个人类文明史就是一部性压抑史。由此,弗洛伊德开始了他的"泛性论"论调。

泛性论源于达尔文,但是其中也有弗洛伊德的观察基础。总结下来,泛性论其实有三个来源:

一是达尔文在《人类的由来及性选择》中论述的性选择机制,这个机制在人类中被发展出了以乱伦禁忌与族外婚为核心的一整套性压抑制度。

二是弗洛伊德观察幼儿时发现的幼儿性行为。客体关系学派的梅兰妮·克莱因(Melanie Klein)[①]更是在

[①] 梅兰妮·克莱因(1882—1960),奥地利精神分析学家,儿童精神分析研究的先驱。她被誉为继弗洛伊德后,对精神分析理论发展最具贡献的领导人物之一。克莱因对精神分析的贡献,主要是她基于弗洛伊德之思路所发展的客体关系理论。她认为,人类行为的动力源自寻找客体,即人类关系的建立与发展,而非弗洛伊德所强调的寻求快乐。

分析案例中发现2~3岁幼儿有口交、自慰等行为。[①]

三是梦境中反复出现的俄狄浦斯情结，也就是人们在梦境中总是用性意象的方式体验和感受一切白天所经历的事情。而俄狄浦斯的核心是弑父娶母，所以弗洛伊德认为每个人都有俄狄浦斯情结，就是一种泛性论。

由此可见，弗洛伊德提出泛性论并不是随口胡说，而是有一定的观察基础的。从达尔文的性选择进化推力，到弗洛伊德自己的幼儿观察，以及整个社会的性压抑制度，都指向了性压抑。而性压抑必然会导致潜意识层面的泛性论式梦境，同时在意识层面，人们也会不自觉地把性能量变形升华或者直接表达。

此外，从学科建设角度看，弗洛伊德作为精神分析学科的创始人，一直试图把心理学"科学化"，而泛性论本质上是一种生物决定论，这种论调建立在生物兽性的坚定事实之上——就算是"高贵"的人类，也离不

---

① 克莱茵.儿童的精神分析[M].林玉华,译.北京:世界图书出版公司,2017:104.

开生殖与性行为。所以泛性论其实是有生物学作为基础的。这种建立在生物学基础上的论点，与弗洛伊德想把心理学科学化的企图完全匹配。为了精神分析学科能够建立在坚实的科学基础之上，弗洛伊德必须坚持泛性论，他这样做的目的其实是为他的学科奠定基础架构。

就算在今天看来，反驳泛性论也不是一件容易的事情。因为性压抑的社会机制是一个事实。那么，我们要如何理解泛性论？

我认为，首先，要从人类进化史的角度看待泛性论。它是人类历史上建立的一整套性压抑制度的产物，如果有一天这套性压抑制度被取消，也就没有泛性论的存在必要了。但是只要性压抑制度还存在，人类总会在潜意识层面用泛性论的方式体验和看待一切，这一点在梦境中最为清楚。其次，泛性论是潜意识的思维方式和运作方式，并不是意识层面的运作方式，我们的自我在意识层面还是很文明的。最后，泛性论并不是永恒不变的，而是会随着人类性压抑机制的改变而改变。

总而言之，弗洛伊德努力把"本我—自我—超我"人格结构理论建构在躯体本能基础之上，是他为精神分析有一个坚实的生物学基础而做出的努力。因为在弗洛伊德的时代，精神分析乃至整个心理学都像是一门巫术，而不像一门科学，我们要理解弗洛伊德的苦心与时代局限。由此，我们也就更加能够理解后来拉康"回到弗洛伊德"但是又从语言学重新出发的用意：拉康看到了弗洛伊德的贡献，但是也看到了人格结构还会外化为欲望符号（比如梦）、组织结构（比如管理与被管理结构其实是一个心理建构）、幻想结构（比如文学叙事其实是心理投射结构的变形），而这些都与语言有关。于是，拉康让心理结构基础从生物学转向语言学，让精神分析获得了一次语言转向，并获得了全新的语言学学科基础。

生本能与死本能

经过了对人格结构、心理结构的分析，弗洛伊德终于为人类描绘出了一幅心理结构图景：

从个人来看，心理结构有"本我—自我—超我"，三者之间会有动力关系，而动力根源是生物性的性驱力。从群体来看，人类群体都有无意识、前意识和意识的层级区分，最难以认识的部分就是无意识，这个部分不仅难以认识，而且是真正的主体部分。如果说自我是岛屿，无意识就是海洋。

经过这些分析，看起来心理领域的一些基本问题已经解决了，至少已经出现了一个框架性的东西。可是，弗洛伊德为什么还要从这个框架中提出"生本能"与

"死本能"的猜测呢?

第一,这是出自一种探寻"本质世界"的冲动。探寻本质是西方哲学自从柏拉图以来的一种根深蒂固的哲学冲动,弗洛伊德非常熟悉西方哲学传统,自然会有这个寻求心理世界的本质属性的冲动。于是,他才在《自我与本我》的最后又提出了"生本能与死本能",以此来总结和升华他的理论发现。他其实是在试图归纳和猜测一种根本的力量。

第二,"生本能"与"死本能"可以建构一个二元对立的概念体系。西方哲学史上总喜欢建构这样对立的关系,比如主观与客观、此岸与彼岸、存在与虚无等,因为只有把理论推导到这样一种根本对立的程度,它才显得像是一个靠谱的模型。

第三,用"生本能"与"死本能"可以打通有机世界与无机世界的边界。因为生本能意味着一种生物的繁殖欲望,而死本能意味着一种把生命拉向无机世界的力量,这两种力量的撕扯构成了这个世界运转的本质。弗洛伊德不仅有种哲学冲动,还有一种打通万物规律的冲动,所以这种对本质的猜测,其实也带着巨大的野心。

第四,由于性驱力还不足以解释所有的心理问题,所以有必要引入死亡这个新因素来解释诸如攻击性、暴力与战争等问题。"死本能"作为一个与"生本能"对立的部分,自然最适合作为这个元素被提炼出来。况且,死亡也的确是一个重大议题。

第五,"生本能"与"死本能"这一组对立结构和梦与醒是同构的,而且有内在的一致性:它们都指向一个更为本质的世界——相对清醒状态而言,无意识梦境是一个更为本质的世界;相对生本能,死本能可能是一个打通了生命界与非生命界的更为本质的规律。说白了,弗洛伊德试图建构一套超越了心理学的生命普遍规律。

此外,弗洛伊德当时刚刚经历第一次世界大战,人类非理性的暴力与杀戮或许让他震惊不已。如何解释人类这种非理性的毁灭冲动?这可能也是导致他提出生本能与死本能的一个理论现实背景。正是有了这些考虑，弗洛伊德才在《自我与本我》一书的最后提出了"生本能与死本能"这个理论猜测——一种可以解释现实又可以抽象到哲学高度的心理学理论概念。

文明的悖论：作为文明动力的欲望阉割

在基本禁忌与压抑建制建构以后，一切文明现象都可以说是欲望的剩余：政治、经济、文化等产物，都是阉割欲望的剩余物。由此我们可以说，从精神分析来看，人和人的行为都是欲望的变形与转移；从心理病理角度看，人就是症状的转移与重复。

当然，这种文明的压抑或说阉割也会产生问题：对人的欲望阉割过度，人就会产生心理疾病；但是对欲望不加阉割的话，人又会犯罪，甚至破坏群体结构。所以，人类只能在其间摇摆，对自身的欲望只能既满足又压抑。这种独特的欲望与压抑机制，必然造成人类的欲望变形是不可控的，它们会变形为各种变态的欲望，引发各种超出本能欲望的毁灭性欲望。

可是，我们又不可能取消这种压抑建制，因为取消压抑建制就等于取消了文明中生产的欲望动力。所以说，弗洛伊德其实是提出了一种关于人类欲望的根本性的观察图景和理论框架。从此以后，那个不可捉摸的、有各种变形的欲望世界终于有迹可循了，那个像鬼魂一样到处转移的无意识信息终于被观察到了。

———

弗洛伊德提出的阉割还没有划分界域，直到拉康提出实在界、想象界和符号界的三界理论以后，阉割的界域才明确：阉割不仅是真实的阉割，还是想象和符号层面的阉割。拉康的精神分析表明，群意志和群建制对人的阉割其实是分界域的，并不仅仅是某个领域的阉割。

首先是真实的阉割。在黑猩猩群体和猴子群体中，群体领袖对反叛者会咬碎其生殖器；在古代人类群体中，制度上有宫刑，还会专门制造服务于宫廷的阉人。从种种历史与现实事实推测，在文字发明以前的蒙昧时代，肯定有阉割"不听话个体"的制度。

其次是想象层面的阉割，即禁止想象反叛的事情，禁止反叛欲望。这个层面通过真实阉割达到剩余效果，就是所谓的杀鸡儆猴。

最后是象征符号层面的阉割。任何建制都有对禁忌的规定与惩罚，这些都会形成符号系统，比如法律、警察等。同时也会有动态的阉割，也就是对不同时期的不符合群意志的意识形态做定期阉割。

古代社会，人们有被处以宫刑的阉割恐惧，那么现代社会中难道就进步了吗？实际上，现代社会的阉割建制更加深入、内化和系统了——没有宫刑，但关禁闭与阉割等效。除此之外，思想、欲望和想象都会受到不同程度的阉割。

阉割有什么效果呢？对于不服从阉割的人来说，阉割是心理创伤，他们会把被阉割的心理能量转化为别的欲望，可能变成变态欲望，也可能变成创造性欲望。对于完全服从阉割的人而言，阉割是改造。他们会成为建制系统的一部分，比如成为建制系统的替代阳具，或者成为接纳建制攻击的容器。所以，他们要么变得特别有攻击性（替代阳具），要么变得特别女性化（容器）。

弗洛伊德在《文明及其缺憾》中论述的核心主体，其实就是阉割及其后果。他发现，文明就是在阉割中获得底层心理能量的，可是也从这个心理能量转化中创造出了毁灭性的攻击性。

由此可见，人类文明的历史就是一部性压抑史，或者说，人类文明史就是一部阉割建制的发展史，同时也是被阉割的欲望转化为创造物的历史。文明不得不阉割一些欲望，可是被阉割的欲望又会带来新的希望与危险，这就是文明的悖论。

对于不服从阉割的人来说，阉割是心理创伤，他们会把被阉割的心理能量转化为别的欲望。

对于完全服从阉割的人而言，阉割是改造。他们会成为建制系统的一部分，比如成为建制系统的替代阳具，或者成为接纳建制攻击的容器。所以，他们要么变得特别有攻击性（替代阳具），要么变得特别女性化（容器）。

第三章　自我的探寻

Chapter Three

自我是什么

"自我是什么"这个问题曾经困扰了我很久,这个问题有个哲学版本就是"我是谁",有一个心理学版本是"自体是什么",另一个是"自性是什么"。无论怎么问,这个问题都是关涉自身、关涉自己的身心内容。

"认识你自己!"是古希腊哲学中的一句古老格言,也是后来苏格拉底觉得应该追问的一个问题,由此引发了西方哲学对自身的思考,进而使人们建立了心理学。相较西方人,我们东方人似乎不太思考这个问题。《论语》的开篇是"学而时习之,不亦说乎",它更强调学习和生活的过程,似乎忽视了开展这个过程背后的主体,也就是自我或者说自体。

我虽然是一个东方人，但是却对这个问题格外感兴趣。或许是因为我是从小镇走出来的人，每到一个新地方就会有新的朋友，形成新的朋友圈，而这些人对我的看法往往各不相同。这时候，就出现了"我是谁"的问题，也会有自我认同的问题。

直到大学时学习社会学，我才第一次知道弗洛伊德，了解了他提出的"本我—自我—超我"的人格结构概念。从那以后，我就特别喜欢思考自我是什么。通过阅读弗洛伊德的著作，我意识到，自我就是周围人对我的看法的总和。对这一观点，马克思还说了另一个版本——人就是社会关系的总和。马克思说的其实是社会结构层面的自我定义，也有其道理。再后来通过深读弗洛伊德的《自我与本我》等书，我才理解，自我不仅仅是自我，还是无意识的我，甚至还是集体无意识的我。

先说无意识的我。弗洛伊德认为人的心理结构的基础与主体部分是无意识，而自我只是无意识欲望的延伸部分，这是他的基本观点。比如，我们说自己爱吃辣，按照弗洛伊德的分析，这可能就是一种受虐的欲望，而这种受虐欲望背后会有一个无意识的原因，可能是小时候家庭环境充满权威和压迫，造成了人常态的受虐习惯。后来我们忘记了过去，但是受虐变成了无意识的欲望得到保留，其中一种形态就是嗜好吃辣。如果你仔细观察，会发现酷爱吃辣的人有点细微的施虐与受虐的心理倾向。

理解这一点后重新思考自我是什么，我得到的第一个想法是：自我是一个空壳、一个生成物——由自身欲望与外部他者共同形成的生成物。那么，自我包含什么呢？有我们可能没有意识到的无意识欲望，有身边的他者给予我们的期望与欲望，还有我们从书本等媒介中得到的观念。这些从内到外的因素都会塑造我们的自我。

再后来我读拉康的著作，看到他的一个论点：自我就是一个他者，自我的欲望就是他者的欲望。如果从人的诞生来看，这个论点也有一定道理：我们出生的时候，的确一片空白，所有自我想法其实都来自外部，都是他者写入的结果。

拉康从这个角度进一步推理说，正因为自我是一个他者写入物，所以这是一个虚假的自我，是一个他者写入的幻觉自我，并不等于无意识层面的那个自我。在这一点上，拉康与弗洛伊德一脉相承，觉得无意识才是自我的本质，是人的主体以及最值得探究的领域。

与拉康同时代的客体关系学派则更加强调关系，也就是他者的写入；持同类观点的还有精神分析社会文化学派，他们认为社会文化才是自我形成决定性的一面，否定无意识的决定性作用。再后来的自体心理学则认为，人的身心自体才是自我主体。

当然，不管各个流派怎么说，经过这一番关于自我的探问，我想，我们都有了一些思考自我、认识自我的路径：无非是从内部或者外部出发，无论是从内部的无意识或集体无意识，还是从外部的他者或关系，都可以抵达某种自我，开启自我认识的旅途。

自我是什么呢?

自我是一个空壳、一个生成物——由自身欲望与外部他者共同形成的生成物。

它所包含的,有我们可能没有意识到的无意识欲望,有身边的他者给予我们的期望与欲望,还有我们从书本等媒介中得到的观念。这些从内到外的因素都会塑造我们的自我。

自我与他者

如果说思考自我是一次全新的觉醒，那么思考他者就是再次觉醒的过程。

还是要从拉康的那句话说起——自我就是一个他者。拉康提出这个结论是基于什么？一是心理的生成过程，就是说我们的心理内容建构都是由他者写入才实现的，如果没有他者写入，就没有内容。二是关系事实，我们从出生到长大都在陆续接受他者的写入，小时候是父母，长大后是老师、身边的朋友、公司的同事……这些他者都会写入一些内容并形成我们的自我内容。

不过拉康也提出，这个自我是一个建构的自我，而且是有很大的幻觉性质的自我。那么，什么才是真我呢？无论是按照弗洛伊德的观察还是拉康的理论，真我都与无意识有关。如何观察无意识自我？弗洛伊德最拿手的方式是释梦，因为梦是我们的无意识溢出的内容，他通过释梦帮助人们认识内在的真实自我。当然，还有精神分析，也就是俗称的心理咨询。精神分析是通过与分析师对话实现的，这个过程中，分析者会有很多想法浮现，而分析师通过对这些浮现的想法做进一步分析，就可以帮助分析者认识真我，也就是那个无意识溢出的自我。

除了释梦和精神分析，后来的客体关系学派还提供了一种办法，即通过关系认识自我。这个观点与拉康有相似之处。具体来说，客体关系学派认为，人们是通过内化关系模式来建构自我的，内化的客体关系是思维和体验的原始形式。从这里我们就能明白，拉康与客体关系学派在对自我的理解上存在本质差别。拉康把自我看作他者写入的建构，进一步说，这种通过写入建构而获得的自我可能是一种误认，因为外部写入的自我并不一定代表无意识的欲望。而客体关系学派认为，这种从关系中内化的自我就是本真的自我。由此可见，双方其实站在不同的立场看待自我：拉康站在无意识本我立场，认为无意识主体才是我的真相，才是真我；克莱因站在客体关系角度看自我，认为关系内化的自我才是自我的真相，才是真我。如此一来，两者的根本差异才得以明确，说白了就是站在不同立场上对自我的定义不同而已。

拉康还有个镜像阶段理论，认为人在经历镜子阶段（2岁左右）之后才开始看见自我，并误认自我。为什么说是"误认"？因为镜子中那个自我仅仅是肉体的自我，还有我们看不见的部分——从他者那里内化和模仿而来的自我。我们认识到的自我，经常是一个"自以为的自我"——一个来自他者的模仿自我或者说镜像自我；同时，因为我们的自我从小到大不断接受各种他者塑造，他者建构了我们的自我，而我们认同的那个来自他者塑造的自我，其实是一种对自我的误认。

这时候，我们就有必要质疑自我，也应该质疑身边的他者。因为这个口口声声说是自我的自我是建构出来的，而身边的他者也是建构的，一切的自我内容还是建构的。自我与他者的关系是一个互相建构的过程。不仅如此，这种建构发生在意识层面，也就是说意识并不一定代表无意识主体的欲望，这意味着我们通过自我与他者建构的自我，很可能违背本性，从而走上违背自身真实本我的道路。

———

理解了自我与他者的关系是一个互相建构的过程之后，我们怎么来理解自我层面和外部层面的"魂魄"呢？

"魂"是一个有意思的字，它可以表示鬼魂，也可以表示灵魂，总之就是表示一种看不见、摸不着的东西。这其实是一个古人用来描述人的心理的词，用心理学表述,"魂"就是自我,再扩大一点,就是我们的人格。

"魂"其实是古代人对人格的离散状态的表达,魂可以神入,也可以被吓跑。所谓失魂落魄,其实是说失去了自我,心里没了主心骨。小孩子最容易被"吓掉魂",所以需要大人"叫魂",其实所谓的"吓掉魂",是被吓得自我瘫痪,一个自我功能丧失的人就会什么也不管,不吃不喝,生死无谓。

鄂伦春人和鄂温克人丧葬时,会举行萨满送魂仪式。怎么做呢?先扎一草人,系上多根细线,身着孝服的死者子女或其他亲人各牵一线,萨满也握一线念咒祷告,请死者勿恋家人旧地,赶快离去。然后用神棒将线一一打断,尽力将草人远抛,认为死者灵魂就随之远去。尸体入棺后,放在山林风葬或土葬。赫哲族下葬送魂时,会做个穿衣服的小木人代表死者,点香烧纸上供,或请萨满跳神,用酒肉招待亲友三天。第三天由萨满射箭三支,为亡灵指示去阴间的方向。这些少数民族的送魂仪式其实就是超度。萨满教认为人有三魂：命魂、浮魂和转生魂。射出去三支箭，就是把三个魂魄都送去阴间，免得它们在阳间继续游荡。

古人为什么这么重视魂？或许是由于人的自我其实是不稳定的，遇到什么打击或者重大事件，人就会失魂落魄，用心理学语言说，就是失去自我。人很容易失去自我，不仅在遇到打击的时候会失去自我，遇到强势的人或者崇拜的人，也容易放弃自我或者失去自我。

"魂"这个字也很好地表达了人格的可转染性，或者说意识的流动性。也就是说，魂魄真的存在，并且可以在人与人之间流动——不是鬼魂乱跑，而是意识流动。比如，我们遇到了极其符合自己心意的作家，就会有一种"神入"的感觉，看他的文字时感觉他的灵魂进入了自己，成为自己的一部分。这就是包含着人格情绪的思想发生流动的现象，并不神秘。

正因为魂——意识——是可以流动的，所以我们才有了继承某人精神的说法。比如，有人看贾樟柯《天注定》里姜武饰演的大海杀人那一场,有一种昆汀附体的感觉,其实就是因为贾樟柯学到了昆汀的魂。可见用心理学的眼光看待魂,它就不再那么神秘了。

不过,理解了魂后也让人"细思极恐"。因为你每天都有可能被别的魂魄"神入"、侵占,如果自我不够强大或者没有自我,和一些性格强硬的人待久了,你就会自动放弃自我(也就是你的魂),变成另一个人。这种变化每天都在发生,就在我们身边,而且悄无声息、潜移默化。这比恐怖片里的鬼魂更可怕呢,还是让人更能接受?

这样看来,鬼魂就在我们身边,时时刻刻,无处不在。可以说,我们天天都在与鬼魂交战啊。

自我与自身：改变自身的方法

自我是一个心理概念，主要指的是自己的心理内容，也就是上文所说的由于关系互动建构出来的自我感觉。自身是什么呢？从心理学来看，自身首先是身体的自己，其次还有无意识的自己。身体的自己包括形成自我感觉和思考的大脑，以及肠道、四肢等其他身体部分，这些身体器官和它们具有的觉知系统就构成了我们自身。

从心理学角度进一步探索人的自身，首先是我们的无意识自身，其次还有荣格所说的集体无意识自身，这些我们觉知不到的心理位置储存着我们继承的文化直觉和文化本能，甚至还包括人类共同的认知。比如，人类普遍把右边认同为一种更好的方位,而左边则被认为是一种不好的方位。英语中的"右边(right)"也包含"正确"的意思,中文的"右"也有更高位置的含义;英语中的"左边(left)"则有剩下的含义,在有些文化中,"左"甚至还有邪恶的含义。这些都充分说明了人类有共同的集体无意识认同,或者说是一种无意识层面的认知,而这些无意识其实都是通过社会文化写入形成的。这意味着,改变自身的其中一个方法就是:通过改变社会环境可以改变写入自身的内容,形成不同的无意识沉淀。我们会因为这种全新的无意识沉淀,焕发全新的创造力。

从个体角度看人的自身,它就是具体的身体器官存在。从心理学看,我们的器官状态确实会影响我们的心理。有大量科学观察和实验证明,肠道细菌失调可能会造成抑郁、焦虑等多种心理疾病,而大脑的器质性病变也会造成性格的改变。这种案例非常多,在此不做详述。这里我重点想说的是,身体器官承载着人的心理系统，而且身体器官内容的改变也可以改变性格系统。所以，现在人们会通过服用药物来治疗心理问题。这也是一种改变自身的直接方法——通过摄入健康的食物或者合适的药物，改变我们的自身状况。

可是在这里又有一个问题：用改变身体的方式治疗那种因为外部关系而形成的心理问题，其实治标不治本，因为人的外部关系结构没有改变，所以药物仅仅是缓解身体症状，但是无法解决那个造成心理问题的外部关系结构。这就是药物治疗的局限。

从群体角度看人的自身，我们是人类这个独特物种的一分子，这是我们思考自我的时候最容易忽视的一个事实。达尔文说过，生命是以物种的形式存在的，人类当然也不例外。人类首先是一种高度社会化的物种存在，然后才是单个的个体性存在。人类一出生就在家庭群体之中，然后进入学校、公司等更大的社会机构，可以说无时无刻不处在人类物种这个群体之中。我们的身体从来没有摆脱过群体，也不可能摆脱群体而独自存在。这是关于自身认知的一个重要事实。由此就引导出了改变自身的第三种方法——通过改变局部的客体关系结构来改变自身的自我认同。

有了这些基本认知，我们才可能对自我、自身和他者有更深入的思考，并重新建构，也可以觉察到改变自身的更多途径：可以通过改变社会环境、改变饮食，以及改变局部关系来改变自身。

自我与主体：人为什么被无意识主体驱动

从精神分析的角度来看，自我的背后还有一个我们不可控的无意识主体，它也是精神分析学说得以建构的根基。弗洛伊德通过梦境、口误、错失行为等现象，看到了那个隐藏于我们意识自我背后的力量，从那以后，人类的自我认知才发生了一次哥白尼革命式的倒转：原先人们总是在思考自我和自我认识的对象，从此以后，人们开始思考操控自我的那个无意识世界了。

无意识世界后来又被精神分析家拉康称为"无意识主体"。谁是思考无意识主体的第一个人呢？

如前文所述，希腊哲学家赫拉克利特应该是第一个提出主体性问题的人，他说"我寻找和探听过我自己",他探寻的结论是:"道为灵魂所固有,是增长着的。"这里的道也可以理解为康德的绝对道德律令,也就是群意志内化为超我、良心和自我约束。赫氏的主体研究还有一个影响深远的结论:"人的性格就是他的灵魂与命运。"他的后辈苏格拉底再次重提主体问题,他的表达方式是询问主体,也就是教人"认识你自己"。苏格拉底的追问方式很像精神分析疗法的谈话,直接追到被问者的灵魂深处,使无意识问题浮现。

在赫拉克利特之前,主体问题有更早的起源吗?如果从希腊的哲学和宗教再往前追溯,主体性问题就回到了原始宗教中的本源解释了。

原始宗教中"万物有灵"概念中的"灵",可能算是原始人类对主体的感知,这是萨满教式的心灵投射主体,可能与当时人的心理客体化投射过程有关;印度人对"梵"的感知也可算一种对绝对主体的认识,属于较为明显的绝对意志的主体;老子说的"道"也算是对绝对主体的感知,这个绝对主体可说是绝对意志,也可说是绝对理念。

主体问题往起源追溯，就是生命的主体问题。目前研究表明，最原始生命形态中的"生物体"和"非生物体"之间的界限并不清晰。两者之间的界限就像光谱中颜色的渐变一样模糊不清，实难界定。而且"原始汤""地外生命""量子论"等生命起源说都没有得到证实，"生命"起源到底是怎么回事，目前人们还没搞清楚。不过，研究者对生命普遍采用这样的定义：生命即复制和演变。这样看来，生命的主体性就是一种自我复制的本能，高级一点就是自我繁殖的欲望，更高级的就如同尼采所说，是冲创意志。

总结一下，生命的主体性本质是一种自我复制和繁殖的力量，这个力量的起源目前我们尚不清楚。这种主体性的称呼也可以有很多，根据不同层次的生命体演化程度，分别可以叫作本能、欲望、意志等。

那么在赫拉克利特以后，还有哪些关于主体的思考呢？从古希腊哲学往后，最著名的主体思考者就是笛卡尔。笛卡尔的"我思故我在"说出了两个本质问题："我思"是说主体的来源，"我在"是说主体的存在。这是一个从自身意识角度探寻主体的话语，这个"我思"乃是清醒的"我思"。后来的精神分析提出的"自我"和这个"我思"基本相等。

在笛卡尔之后，弗洛伊德再次丰富了主体的含义，他让主体有了无意识主体的新内涵。当然，在精神分析的具体过程中，主体又具有不同的含义——从分析师与病人的关系看，病人是主体，分析师是客体。从心理结构角度看，弗洛伊德的无意识研究和荣格的集体无意识研究都暗含了一个更为隐藏的主体，那就是无意识以及深层的欲望之海。

———

拉康说，自我是大他者的书写，自我就是一个他者。他想说，自我是被他者、被语言建构的，被权力关系塑造的。自我是一种误认的结果，自我即空洞。这表明主体的无意识特征或者说主体也是误认的结果。自我是大他者的欲望写入与认同变形，主体就是无意识主体的分裂和变形。这句话的含义可以重述为：自我是认同的结果，是一个生成物，是主体与外界交融凝结的产物。这意味着，自我在变，主体也在变，但自我、主体内在的冲创力与欲望不变。自我是生成物，主体也是生成物。

拉康说的自我的误认，意思是自我常常误认他者作为自己的一部分。

从历史看，主体也是对变形欲望的误认。为什么呢？因为主体就是无意识的欲望，是不可抵达的领域。自从人类群体开始实行性压抑和群压制的制度以后，个体的主体欲望就被阉割、被改变投射对象了，强烈的压抑、直接的阉割措施、要命的惩罚，直接改变了主体欲望的投注对象。主体把被阉割的欲望幻化变形，造出各种变态的欲望，比如对外攻击性、创造工具的欲望、发声的欲望、恋物癖、收集癖，等等。

从梦境看，梦者一想到性就会立刻有惩罚意象，这个普遍的细节可以证明主体对群意志阉割的恐惧与认同。由此可见，主体也是可以被塑造的领域，虽然不可抵达，但可以被塑造。

总之，主体被塑造、被改变了，主体也开始认同变态变形的欲望和欲望对象，这就是主体误认。

———

人类做的最大的创造，就是把主体中的力量转化为客体建构，这个过程是通过欲望压抑来实现的。简单说，就是我们把被压抑下的主体欲望力量，转化为人类文明中的各种创造。

这导致人总是试图找寻客体理性、客观真理、客观认识、客观价值论之类的东西，把自己的全部信念和生存基础建立在那之上，把一个外在于自己的虚构物作为支撑，却不想那些东西又虚无又不可靠。人什么时候可以学会从自体的力量中建立信心、观念和行动信念呢？恐怕很难。人习惯把自我建立在他者之上，这是人的本性。

那么，人为何习惯于把主体力量投入客体？从起源看，这源于个体对强者图腾符号的恐惧与崇拜。主体因为客体而存在，主体因为与客体分离而有分别。从发展来看，原始宗教时期的人把主体力量转化为客体建构，主要是为了增加群力量而塑造更大的符号，比如"万物有灵"或神等。从演化角度看，这是为了组织凝聚更多的人，建立符号、建制、生活方式一致的整合群体组织。从功能角度看，这是为了包容不同宗教、不同民族群体，随后人类又从宗教组织衍生出国家组织。

这种转化意志持续到今天，主体逐步变成欲望生产的一部分。客体力量也在变强，建制上，人类建立了不同关系结构的国家和群体组织；观念上，创造了代替宗教的科学系统——一种接近绝对真理的概念系统。

到今天，我们终于可以怀疑：人需要虚构一个强大客体的存在来证明主体的存在吗？抑或这是群体生存方式造成的错误方向？尼采的权力意志（另译为强力意志）其实是劝告人类回到主体，回到意志，把投入客体的力量收回到主体。所以尼采要拆毁形而上学的建构，拆毁理性与理念世界。他呼吁人回到真实世界，做一个有力量的人，或者有力量的群体组织。但他也拆毁了主体的建构。他否认主体，因为他知道主体最终会变成绝对主体，再变成神，变成绝对意志。

当人陷入大他者的陷阱，就忘记了自身的力量，忘记了自身的存在。尼采说，这是一个颓废的世界。人习惯按照幻想和投射物生活和行事。因此，我们有必要重新召唤主体性的自己。

如何让主体性的自己浮现？具体来说，主体是通过有名字的身体，与他者和环境互动后，以冲创意志与欲望的形式一次一次地浮现，表现为各种可以描述的症状。

主体是从集体无意识中浮现，在身体中显现，以话语形式被言说，从行为中存在，以描述定型，以人格模式破土而出，以意志的结果得到一个影子的名。主体不可抵达，但是它的影子可以看见。主体经过行动选择后，开始存在。所以，我们要善于聆听内心，敢于听从内在的声音，然后在行动中找到自己的主体性，并建构自己的主体性。

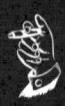

人类做的最大的创造，就是把主体中的力量转化为客体建构，这个过程是通过欲望压抑来实现的。简单说，就是我们把被压抑下的主体欲望力量，转化为人类文明中的各种创造。

一切文明现象都可以说是欲望的剩余：政治、经济、文化等产物，都是阉割欲望的剩余物。

作为防御机制的自我

"防御机制"这个概念,最早出现在弗洛伊德1894年所写的《防御型神经精神病》(*Die Abwehr-Neuropsychosen*)一文中。在他的后续文章《癔症的病因学》(*Zur Ätiologie der Hysterie*,1896年)、《对于防御型神经精神病的进一步讨论》(*Weitere Bemerkungen über die Abwehr-Neuropsychoseh*,1896年)中,"防御机制"被用来指代自我应对痛苦或无法忍受的意象和情感的一种功能。

随后,防御机制没有获得重视,而是以"压抑"代替。

在《自我与本我》这本精神分析集大成的理论总结

著作中，"压抑"也是比"防御机制"更为重要的概念。弗洛伊德在这本书中建构人格结构与心理结构时，压抑是一个关键的心理因素，正因为有压抑，才有了被压抑的前意识与无意识，正因为有压抑，才有了被自我和超我压制的本我。

从动力结构来说，压抑的动力源有两个：一是个体所处社会的群体意志，包括法律、道德等；二是个体所处物种在历史上形成的群体意志，比如伦理、文化。这些压抑都是为了应对人作为动物与生俱来的本能欲望，比如攻击与毁灭他者的欲望。为了压抑这些欲望，我们的心理结构中的自我部分就形成了一系列的压抑措施，于是就有了自我防御机制。直白来说，防御机制其实就是自我功能的体现：自我一方面要满足本我的欲望，另一方面又要满足社会群体意志的约束，这就必然会形成一套对两种欲望的防御机制。

直到1926年，弗洛伊德才在《抑制、症状和焦虑》（*Inhibitions, symptoms and anxiety*）一文的补遗评述中重新使用了"防御"这个概念。在文章中,他分析了自我的各种意识功能,尤其是自我防御机制,如压抑作用、反向作用、隔离作用等心理活动中的防御过程;他还阐释了"压抑"与"防御"这两个概念的联系与区别——压抑是一个过程,而防御则是压抑过程的动机。换句话说,弗洛伊德认为压抑本能与他者欲望产生了防御动机与防御机制。这意味着,压抑仅仅是防御机制的一种形式。

在这篇文章中,弗洛伊德认为,重新使用"防御"概念具有确定无疑的优点:"人们因此确定,防御应为所有技术的一般性名称,自我在导致神经症的冲突中使用它。而压抑是一种特定的防御模式,它在我们的研究方向上第一次更好地被了解了。"

从此以后，按照安娜·弗洛伊德（Anna Freud）[①]在《自我与防御机制》（*The Ego and Its Mechanism of Defence*，1936年）中的说法："压抑的特殊位置被明确地移除了，在精神分析的理论中做其他用途使用，它遵循'自我对抗本能诉求的防卫'倾向。压抑在某种意义上降格为'防御的特殊形式'。"

在安娜·弗洛伊德看来，防御机制是一种自我功能，在本我表达需要的时候不断地给出允许或者不允许的指令，以实现自我保护并满足超我的道德要求。如果用比喻的说法，防御机制就是人的"精神皮肤"，可以应对生活中的各种精神打击。比如，我们遭受现实他者

[①] 安娜·弗洛伊德（1895—1982），奥地利心理学家、儿童精神分析学家，她是弗洛伊德最小的女儿，也是唯一继承父业的人。她进一步继承和发展了其父后期的自我心理学思想，对自我心理学的建立做出了重要的贡献。弗洛伊德把自我当作"本我的用人"来看待，安娜则不同，她反对过分强调本我，而强调要给予自我以应有的重视。她认为从临床的角度，更应该重视自我。由自我心理学出发，安娜论述了她的两大理论成就——防御机制和儿童精神分析。

的攻击以后就会启动否认心理功能，从而保护我们的自我；又比如，在经历一些不愉快的人际交往后，我们会隔离情感从而防止自己过于悲伤。

自我防御机制的基本类型

自我防御机制有压抑、升华、置换、否认、反向形成、投射、理智化等几种基本形式,但是后来的自我心理学家们又发现了多达100多种的新的防御机制。为了识别这些防御机制,我们有必要分析它们的一些基本形式:

压抑(repression):压抑是最重要的防御机制形式,弗洛伊德把压抑称作"整个精神分析理论结果的基石"。压抑就是自我通过遗忘等方式,把那些威胁自身的东西排除在意识之外,或使这些东西不能接近意识的防御方式,以此一些本能欲望就被压抑在了无意识的梦境之中。每个人都会使用压抑,因为每个人无意识中都有不愿意带入意识的想法。当然，压抑有效但也有代价，因为压抑是一个稳定、主动的过程，它需要自我持续地消耗能量，故而有效的压抑需要一个强大的超我提供心理能量，否则人格结构就会失衡，人就会陷入本能欲望之中。

升华（sublimation）：升华是一个可以把无意识欲望转化为文明成果的防御机制形式。升华可以将无意识欲望转化为社会可以接受的行为，比如有人把偷窥的欲望升华成了摄影的欲望，说不定就成了一个摄影家或导演。与压抑不同的是，升华用得越多，自我的生产性越强。

置换（displacement）：意思是人会把自己的感情改为指向一个较少关心的（较少情感贯注的）客体，而不是针对能引起这种感情的人或情景。与升华一样，置换将冲动导入一个没有威胁性的目标。比如一个人遭受虐待后，无意识会非常愤怒，但如果向相应的目标发泄愤怒，会导致可怕后果。于是他会把这些情绪指向身边的其他人，例如同事、孩子、父母。这种向威胁性小的人发泄愤怒的防御方式，可以防止无意识的想法变成有意识发泄。弗洛伊德对置换阐述最多的是《释梦》，"在梦的工作中有一种精神力量在发生作用，它一方面消除具有高度精神作用的那些元素的强度，另一方面则利用多重决定作用，从具有低度精神价值的各元素中创造出新价值，然后各自寻找途径进入梦内容中。如果真是这样，则在梦的形成过程中必然会产生一种精神强度的转移和移置，构成梦的显意和隐意之间的差异……我们称之为梦的'移置作用'"。[①]

否认（denial）：我们会在有些时候拒绝接受事实，甚至忘记和删除事实。和压抑不同，否认不是说不记得了，而是坚持某些事情不是真实的——尽管所有证据都表明那是真的。比如有人在妻子死后很久，仍然表现得好像她还活着一样，他会在饭桌前给她留一个位

---

① 弗洛伊德.释梦[M].孙名之,译.北京:商务印书馆,1996:308.

子，告诉别人她出去了。

反向形成（reaction formation）：我们会把一个令人不安的想法转换到反面。在这个过程中，我们会按照与无意识欲望相反的方式行动，以躲开可怕的念头或欲望。比如有些人会反复告诉别人自己多么爱自己的父母，其实是为了隐藏无意识中对父母的憎恨。

理智化（intellectualization）：一般是指不带感情地谈论感受，以隔离更内在的无意识情感冲动。这其实是对可怕事物进行自我控制的一种方法，在这些情感内容进入意识层面之前就把它抹去，这样可以避免焦虑。

投射（projection）：指把自己的情况归结到别人身上。比如我们把自己的无意识冲动归为别人的，从而避免把这种冲动带来的惩罚施加给自己。通过把自己的无意识冲动投射到另一个人身上，可以摆脱我们自己持有这种想法的焦虑。比如有的人拒绝承认自己有异常性欲，却认为别人有。

除了这些防御机制，投射性认同、泛灵论、挑逗、幽默、禁欲主义、哀怨、夸大等心理过程其实也都是防御机制的表现形式，它们都是为了掩盖背后的另一种无意识欲望。

经过对上述几种基本防御机制的解读，我们会发现防御机制也可以理解为一种伪装机制，它实际上与梦境叙事中的伪装机制很相似。如果用理解无意识的方式理解防御机制，我们可以说，防御机制就是一种自我层面的梦境叙事——自我为了防御内外部的欲望，采取了一种无意识的方式运作变形的欲望，从而形成了各种防御机制。

当然，防御过程有的是在有意识的情况下发生的，有的则是在无意识的情况下发生的。有意识的防御机制我们自己能够知道，也会明白其作用。而那些无意识的防御机制才是更加值得关注的部分，也就是需要识别的部分。从无意识角度看，与其说是识别防御机制，不如说是识别无意识欲望。这就产生了三个识别的基本方法：第一是识别背后的感觉和冲动，从而看出防御机制背后的欲望；第二是识别隐藏的焦虑和痛苦，从而理解防御机制的产生原因；第三才是识别防御机制的类别。

在日常生活中，我们通过识别防御机制及其背后的真实欲望，可以更加真诚地面对真实的自己，也可以更加真诚地面对自己的欲望。如果能够比较好地转化这些欲望，我们就可以把它引导成为创造性的力量。但如果忽视或者过于压抑这些欲望，就会引发各种心理问题。这就是我们作为普通人认识防御机制的作用，可以说，这就是一种"认识自己"的方式。在精神分析工作中，识别防御机制可以帮助患者从阻抗走向转变，促使患者与分析师建立起对抗防御机制的工作联盟，引导分析走向无意识的真实。

自我防御与自我心理学

自我防御机制的无意识属性,以及自我防御机制的多样性,必然意味着会产生一种针对防御机制的心理学,即自我心理学①这个精神分析流派的诞生。

自我心理学流派以弗洛伊德的女儿安娜·弗洛伊德为代表人物,以她的《自我与防御机制》为代表作。后来又有海因兹·哈特曼、玛格丽特·马勒(Margaret

---

① 自我心理学是以安娜·弗洛伊德、海因兹·哈特曼、勒内·斯皮茨(René A. Spitz)、艾力克·埃里克森(Erik Erikson)等为代表的新弗洛伊德学派之一。他们在研究人格的形成与发展时,虽然保留了弗洛伊德的许多概念,但不再强调无意识性本能和性矛盾冲突在人的心理活动和行为中的特殊重要性,而是重视自我结构与防御机制在人格发展和形成方面的重要性。他们认为,自我是在本能需要满足或挫折的矛盾之间发展起来的。

Mahler）[①]等人继续发展自我心理学的理论，哈特曼写有《自我心理学与适应问题》（*Ego Psychology and the Problems of Adaptation*，1939年），玛格丽特·马勒写有多篇幼儿心理发展研究报告。

自我心理学家关注的核心问题是：自我是否需要通过一些阶段获得渐进的能力，从而完成防御机制的任务？这种渐进过程是先天决定还是环境造成的？性驱力在自我发展过程中起到了什么作用？

面对这些问题，自我心理学家提出了与古典精神分析学派不同的治疗方式：如果说古典精神分析更加关注揭示无意识的原始冲动，那么自我心理学家则更加关注防御无意识冲动的自我防御本身。因为仅仅把无意识带入意识，就像是仅仅营救了一部分被围困的人，但是如

---

① 玛格丽特·马勒（1897—1985），精神分析师，20世纪30年代在维也纳作为儿童分析师开始她的事业生涯。1938年搬到纽约，成为纽约州立精神医疗机构儿童服务部的一位精神专科医师。她对婴儿如何从共生状态分离出来并获得同一性的心理现象有专门研究，代表性著作有《人类婴儿的心理诞生》等。

果把守卫解除，就可以化解防御机制本身，重构一个人的心理结构的自我部分，从而让人获得治愈。

因此，精神分析师的角色就要转变。按照安娜·弗洛伊德的看法，"分析师的责任是，把无意识带入意识，无论它属于哪个精神结构。他对三个结构中的无意识成分给予同等而客观的注意；当他开始启蒙意识时，他的立场与本我、自我和超我都是等距的"。这意味着自我心理学倾向让分析师站在一个客观中立的立场之上为来访者做分析，治疗的目标不再是揭示无意识冲动，而是修复心理结构本身，具体来说就是修复自我这个掌控本我和超我的中间结构。

按照这种关注自我防御机制及人格结构的理论发展下去，区分什么是自我与他者、建构边界、建构防御机制、形成良好的内部结构，就成了自我心理学精神分析师关键的心理治疗工作。

弗洛伊德去世后，他的那些偏向自我心理学的弟子在美国成为主流学派，并统治了美国精神分析几十年。

直到今天，自我心理学依然是美国心理治疗领域不可忽视的主流学派。

自我心理学家把精神分析治疗的焦点从本我转换到自我，从被压抑的无意识部分转换到心理过程中的自我功能与结构联结，如此一来，分析过程的模型也开始改变。从古典精神分析师通过分析无意识内容到自我心理学分析师注重分析自我防御机制，再到通过分析自我防御逐渐拓展到分析自我外部的更广泛因素，精神分析从关注无意识逐步转向了关注自我和外部的客体关系，一步一步完善和重建了精神分析理论。

不过，从一种思想的世俗影响角度看，自我心理学与个人主义观念也促成了一种过于关注自我的思想潮流，进而导致了现代人在自我欲望幻想中迷失的问题。

1938年，弗洛伊德和女儿安娜·弗洛伊德抵达巴黎。他们刚刚逃离了被纳粹占领的奥地利。父女二人接着去了伦敦，第二年，弗洛伊德去世。安娜·弗洛伊德继承了父亲的研究，她开创了儿童精神分析治疗法，在英国的儿童心理学领域做了大量研究工作，直到1982年去世。

第四章 自我的重建

Chapter Four

自我心理学的局限

为了更好地理解古典精神分析与后续精神分析、现代哲学的继承与发展关系,有必要梳理一下从《自我与本我》延伸出来的思想发展脉络。首先要说的是围绕《自我与本我》这本书中建构的心智结构模型,发展出了后来的精神分析自我心理学派、客体关系心理学派和自体心理学派。其次则是从这本书中揭示的人类欲望压抑结构衍生出的生本能与死本能,以及进一步衍生出来的哲学脉络。

先说说精神分析的发展脉络:从人格结构中的"本我—自我—超我"动力结构就可以知道,自我是一个调解本我与超我欲望的结构,这意味着自我需要很多伪装和修饰欲望的形式，于是就推导出了自我防御机制，演化出了自我心理学派理论和自我发展心理学。这一派学说传到美国以后，由于贴合美国人的个人主义文化体系，故而很快在当地成为主流治疗派别。

从超我往外还有客体，客体不仅是欲望重要的投射对象，还是内部心理结构的动力，由此就发展出了客体关系学派。客体关系学派其实与文化精神分析在本质上相同，都注重外部客体建构的心理作用。差别在于，客体关系更加微观而具体，而文化精神分析更加宏观。

再往后看，有一些心理学家把身体自我、无意识自我和意识自我看作一个整体的自体，由此形成了自体心理学派。这个自体其实也可以说是荣格所谓的自性的变形，也就是说，荣格虽然被开除出精神分析学派，但是他的学说其实又以另一种方式复归。

如此一来我们会发现，自我心理学、客体关系心理学、自体心理学等后来的精神分析学派都是从古典精神分析学派演化而来的。或者说，后来的精神分析家其实都是在弗洛伊德的发现之上继续前行的人，他们的理论是从弗洛伊德的人格结构和心理结构理论树干上发展出来的新枝条。

弗洛伊德的心理结构理论不仅对精神分析学派具有奠基作用，还促进了人类学和哲学的发展。在人类学方面，弗洛伊德启发克洛德·列维-斯特劳斯（Claude Levi-Strauss）[1]创建了结构人类学，让他开始用精神分析的思路研究神话，并解析出了一个结构化的分析模型，这其实是释梦的方式产生的结果。弗洛依德也启发了马林诺夫斯基（Malinowski）[2]，让马林诺夫斯基在

---

[1] 克洛德·列维-斯特劳斯（1908—2009），法国作家、哲学家、人类学家，结构主义运动的开创者之一，他认为社会关系背后有一个共同的无意识结构，这个结构以亲属关系、神话等形式展示出来。其方法和思想对他同时代的许多一流思想家，例如雅克·拉康、罗兰·巴特、阿尔都塞、福柯等都产生了直接或间接的影响。

[2] 马林诺夫斯基（1884—1942），英国社会人类学家。功能学派创始人之一。曾在太平洋原始部落参与聚落的生活，使用当地的语言甚至和土著建立友谊，写出了一份马林诺夫斯基式的民族志纪录。

调查太平洋上的原始部落时有了新的思考,他看到一种看似没有俄狄浦斯情结的社会,但是实际上那是一个以舅权代替父权的群体形式,也可以说是俄狄浦斯情结的新结构形式。

在哲学方面,弗洛伊德几乎启发了整个现代哲学系统的哲学家。比如米歇尔·福柯(Michel Foucault)[①],正是因为看到了内心欲望压抑结构的社会化建构,他才开始研究权力对人的驯化与压抑,从而写出了一系列关于权力与规训的研究作品。再比如德勒兹(Gilles Louis René Deleuze)[②],他看到了欲望生成的流变性质,故而开始从流变哲学的角度反过来批判俄狄浦斯情结,认为

---

① 米歇尔·福柯(1926—1984),法国哲学家、社会思想家,受到精神分析启发,对社会权力建制做了全新的结构式分析。

② 吉尔·路易·勒内·德勒兹(1925—1995),法国作家、哲学家,后现代主义的主要代表人之一。他的哲学思想其中一个主要特色是对欲望的研究,并由此出发到对一切中心化和总体化攻击。他与精神分析家加塔里合作有反思精神分析的著作《反俄狄浦斯》。

精神分析是一个僵化的理论,因为它没有考虑到人类欲望的演化与无限变化。

此外,弗洛伊德对后现代的乔治·巴塔耶(Georges Bataille)[①]、赫伯特·马尔库塞(Herbert Marcuse)[②]等人都有巨大的影响。巴塔耶的《色情》(*L'érotisme*,1957年)就是对弗洛伊德力比多理论的哲学化重写。马尔库塞的《爱欲与文明》(*Eros and Civilization: A Philosophical Inquiry into Freud*,1955年)简直就像是对弗洛伊德《文明及其缺憾》的复写,不过是用马克思主义视角进行的复写。因此,我们可以说弗洛伊德这本《自我与本我》,看似是人类

---

① 乔治·巴塔耶(1897—1962),法国评论家、思想家。他的作品深受精神分析影响,涉及哲学、伦理学、神学、文学等一切领域禁区,颇具反叛精神,不经意间带给读者一个独特的视角,被誉为"后现代的思想策源地之一"。著有《内在体验》等。

② 赫伯特·马尔库塞(1898—1979),德裔美籍哲学家和社会理论家,法兰克福学派的一员。用马克思主义与精神分析双重视角重新分析了人类社会,被西方誉为"新左派哲学家"。

心智结构的第一次描绘，但是往前看埋藏着深远的临床历史，往后看则展开了无数的心理学与哲学的支脉。

———

前文已经提及，自弗洛伊德以后，有一派精神分析学派发展为自我心理学。其核心代表就是弗洛伊德的女儿安娜·弗洛伊德，她认为精神分析的核心使命在于帮助人们建构一个强大的自我，从而获得幸福生活。这的确满足了西方社会个人主义至上的需求，但是这一理论其实存在很大问题。

另一派精神分析家克莱因就不同意。她认为，人应该着力于建构关系而不是治疗自我问题。法国的拉康也不同意自我心理学的看法，他认为，无意识才是精神分析师工作的对象和领域，分析师应该帮助被分析者认知自己的无意识欲望主体。

当然，无论是克莱因还是拉康，都没能阻挡自我心理学的盛行，更没能阻止一个自我中心主义时代的到来。

不得不说，今天是一个自我心理学大行其道的时代。自我心理学起始于弗洛依德，经过几代人的发展，成了今日心理治疗的主流：心理医生化身给大众开"鸡汤"药方的作家、幸福的导师，以及不幸的解释者。

为什么自我心理学如此流行？答案似乎显而易见：今日社会是一个追求个人幸福的社会，而追求个人幸福必然导向人认识自我。普通人都有认识自我的需求，大众希望通过认识自我来选择更适合他们的人生。也就是说，自我心理学最入世，与最多数人的生活相关。每个人活在当下，都必须面对现在、面对现实，所以大家都选择关注此刻的自我。

自我心理学根植于文艺复兴。文艺复兴时期提倡"人的发现"，也就是说，那是一个自我觉醒的时代。达尔文和弗洛伊德继承了文艺复兴时期认识自我的求真意志，两人分别发现了人类这个物种肉体的生物学起源，以及心灵的生物学起源。从弗洛伊德开始，人类才拥有了系统的自我内观的能力，人类进入了一个自我的时代，人人寻求自我认识、自我实现。

不过，我还是要泼一瓢冷水：自我是不断生成的，它就像是一个洋葱，剥开一层还有一层，找到最后，却发现里面空空如也。自我其实是我们和外界共同的创生物，如果我们有比较强的意识力，就可以创造我们的自我，而不必苦苦寻找。

尼采说，上帝死了。这句话的意思是说，那个塑造我们的神（即超我的意象）崩坏了，我们可以做自己的造物主了。领悟到自己就是自己的造物主很重要，如此，我们才能创造全新的生命和价值，如此，才是一种向前看的心理学。

如果我们继续执着于一个不变的自我，那么不仅是不顾自我是一个生成物的事实，还是在阻碍自己变成更杰出、更优秀的人。从更广泛的层面来说，过于自我必然导致外部客体关系的崩坏，进而造成外部心理支撑被破坏。这对每一个城市化进程中的现代人来说都是隐形的陷阱，外部心理结构出现问题，也是很多人产生抑郁的原因。

现代人的自我认知困境

尼采最早指出了现代人的基本困境：价值崩溃带来的无意义问题。他的后继者弗洛伊德指出了"本我—自我—超我"的人格结构，认为问题还得回到俄狄浦斯情结这个基本冲突。荣格似乎更认同尼采，他说现代人的问题不是俄狄浦斯冲突，而是无意义感。

现代文学也描述了尼采指出的未来人类心灵景象。卡夫卡（Franz Kafka）[①]的《城堡》（*Das Schloss*,

---

[①] 弗兰兹·卡夫卡（1883—1924），德语小说家，本职为保险业职员。他生活在奥匈帝国即将崩溃的时代，又深受尼采、柏格森的哲学影响，对政治事件一直抱旁观态度。故其作品大都用变形荒诞的形象和象征直觉的手法，表现被充满敌意的社会环境所包围的孤立、绝望的个人。主要作品有小说《审判》《城堡》《变形记》等，他的小说叙事结构有梦境叙事的特点。

1914年）就是现代人的人生寓言，故事讲述了主角K想要抵达城堡而不能进入的故事，K就是每一个现代人的象征，他的一生就是对意义的无尽追寻。

正如自体心理学家海因茨·胡科特（Heinz Kohut）[①]所说："K可能是我们这个时代的每一个人……他尝试要接近权力上的伟大人物，但他无法达到。而在《审判》一书中他死亡了，仍然在寻找着可以救赎的、至少是可理解的罪恶——昨日的人之罪恶。他不能找到它；因而他的死亡也是无意义的——'像一条狗'。"

如果换一种说法，"无意义"就是尼采所说的"上帝死了"，那个创造一切、定义一切价值的神死了，神之死意味着价值感的崩溃。

神在心理学上相当于超我，神之死对于西方人而言，就是超我的解体。在"本我—自我—超我"的心理

[①] 海因茨·科胡特（Heinz Kohut，1913—1981），在维也纳获得医学学位，并在芝加哥大学接受神经和精神医学的训练。自体心理学派创始人，写有《自体的分析》《自体的重建》等著作。

结构中，超我解体意味着自我价值感的崩溃，随之而来的就是肉体本能的死。

没有价值感的人，自我会处于一种放任自流的状态，活在一种无意义的焦虑之中。美国剧作家尤金·奥尼尔（Eugene O'Neill）[①]也洞察了现代人的自体破碎问题，他说："人生而残缺。他因为修补而存活。上帝的恩宠就是胶水。"

但现在，那个让人感到完整的胶水失效了。于是人们开始失眠，开始寻找。旅行变成现代流行的一种生活方式并非偶然，旅行是现代人寻求治愈的方式，人们希望通过旅行寻找自我，寻找意义，获得救赎。

自从精神分析重新发现自我以后，自我这个概念就开始占领世界并改变世界了。我们甚至可以说，20世纪以后都是自我的世纪。这一切是怎么发生的？

[①] 尤金·奥尼尔（1888—1953），爱尔兰裔美国剧作家，表现主义文学的代表作家，美国民族戏剧的奠基人，主要作品有《琼斯皇》《毛猿》《天边外》《悲悼》等。

或许还是得从精神分析说起。弗洛伊德创立精神分析以后，它很快就被广告人用来作为广告制作的心理学武器。最早把精神分析运用于广告销售的广告人欧内斯特·迪希特（Ernest Dichter）[①]原先其实是一位受过精神分析训练的心理学家。"二战"爆发后，他从奥地利移民美国，担任过哥伦比亚广播公司的宣传专家，后来又在纽约创办欧内斯特·迪希特动机公司，终生都在研究运用精神分析的技巧来制作广告。他率先将精神分析概念和技术应用于商业，尤其是研究市场上的消费者行

[①] 欧内斯特·迪希特（1907—1991），美国心理学家，市场心理学的先驱。曾在维也纳接受精神分析训练，1938年移居美国后以心理学家的身份为一家广告公司工作。1946年在纽约创办欧内斯特·迪希特动机公司（动机研究所）。迪希特区分了描述性研究和解释性研究，他的公司专门回答那些无法直接回答而需要特殊技术（如纵深访谈、心理剧和投射测验等）方能回答的问题。他被认为是动机研究之父。20世纪50年代，他把弗洛伊德的精神分析学说用于购买行为研究，他认为，研究消费者购买行为必须深入到无意识水平，着重研究消费者的情感及非理性的一面，并设计了多种投射调查法，如语言联想法、语句完成法、图画故事法和角色扮演法等，调查无意识动机与购买情景和产品选择的关系。

为。他认为，诱导消费者产生购买行为的广告必须深入到无意识水平，着重于满足消费者的情感及非理性的内在需求，他设计了多种投射调查法，调查消费者的无意识动机与购买情景、产品选择之间的关系。后来，他被称为"动机研究之父"。

除了广告领域和消费领域，文学领域、思想领域的自我观察式写作也开始大行其道。如果说普鲁斯特（Marcel Proust）[①]在《追忆似水年华》（*À la recherche du temps perdu*，1913—1927年）中对意识流的运用还属于他的个人天才，那么后来的茨威格（Stefan

---

[①] 马塞尔·普鲁斯特（1871—1922），法国小说家，意识流文学的先驱与大师。他在巴黎大学和巴黎政治学院学习期间曾经专门研究过柏格森直觉主义的潜意识理论，尝试将其运用到小说创作中。

Zweig）[①]、黑塞（Hermann Hesse）[②]等作家对精神分析的文学运用就是一种自觉。黑塞更是接受了荣格派分析师的分析，可以说是一位受过精神分析训练的作家。黑塞的长篇小说《荒原狼》（*Der Steppenwolf*，1927年）其实就是对一个患有精神分裂症的人的心理还原。

经过文学、广告、思想等各个领域的推广，自我与满足自我欲望成为现代人的基本生活目标。这在过去的时代确实是一大进步，但是到了现在，我们有必要反思这个问题了。因为今天的人们在追求自我的道路上或许已经走入歧途。

为什么这么说，难道追求自我有错吗？如果我们重

[①] 斯蒂芬·茨威格（1881—1942），奥地利作家。代表作有中篇小说《一个陌生女人的来信》和《象棋的故事》、长篇小说《心灵的焦灼》、回忆录《昨日的世界》。茨威格出身富裕犹太家庭，青年时代在维也纳和柏林攻读哲学和文学，后周游世界，结交罗曼·罗兰和弗洛伊德等人，并深受影响。

[②] 赫尔曼·黑塞（1877—1962），德国作家，1946年获诺贝尔文学奖。曾经接受荣格派分析师的长期分析，其代表作《德米安》《荒原狼》都是根据其接受分析的过程而写作的小说。

读《自我与本我》，会发现自我其实是一个生成物，它是从无意识中涌出来的欲望与外部世界调和的产物。甚至可以说，自我就是一个空壳，我们的欲望溢出什么，外部世界的群意志注入什么，自我就会装载什么。这就是说，现代人追求的自我其实是一个空无的东西。

同时，过多的自我防御虽然让现代人感到安全，但也让人处于前所未有的孤独境地中。自我防御如同一道自己设置的牢笼，避免了被伤害、被看见，也筑成了一堵自我与他者无法相遇的高墙。这是"鸡汤"式的自我心理学带来的弊病，也是现代人需要逃离的真正困境。不然，人会在这种看似安全的幻觉之中走向心理崩溃：先是孤独，后是抑郁，再是自我攻击，然后是焦虑与其他谱系化症状。

从心理学的角度看，很多人追求的自我其实是童年的早期自我，所以追求自我其实是一种退行行为，也就是退行到孩子时期的无意识水平。这对于一个想要寻求真正的自我超越的人而言，并非好事，因为过于执着于自我其实是一种生命的停滞状态，真正勇敢的人恰恰应该敢于打破旧的自我，寻求新的自我与重建新的自我。

一个很好的例子就是鲍勃·迪伦（Bob Dylan）[①]，他在乐迷最追捧他的时候开始写全新风格的歌曲，并且一辈子不断超越自己，最后还以诗人的身份获得诺贝尔文学奖。如果他执着于最初的自我，大概很难会有后面的突破。

如果说追求自我还是小问题，那么因为过于追求自我而放弃客体关系，就是现代人的大病了。客体关系是弗洛伊德之后重构精神分析的第二代学说，创始人克莱因认为，人活着不只是为了性，还是为了关系。后来的客体关系学派甚至认为，建构客体关系才是更为根本的心理驱力。如果客体关系学派的理论还不够有说服力，那么请重新看一看达尔文的《物种起源》。在这本书

[①] 原名罗伯特·艾伦·齐默曼（Robert Allen Zimmerman），美国民谣歌手、音乐家、诗人。代表作《答案在风中飘》等。他的歌词涉及政治抗议、社会评论、哲学和诗歌等多种主题。2016年获得诺贝尔文学奖。

中，达尔文始终强调生物是以物种的方式存在的，也就是说，没有哪种生物是独自存在的。人类更是如此。现代进化心理学研究表明，人类的复杂心理结构正是在复杂的超级群体中诞生的，甚至可以说，没有以"乱伦禁忌与族外婚制度"为基础的超级群体，就不会有语言和文明的诞生。弗洛伊德的心理学重新发现自我以后，人们忘记了他还有对自我心理的群体起源研究，更忘记了个体心理是群体心理的一部分的事实。

为什么说现代人过于追求自我，造成了大病？因为客体关系才是支撑我们心理结构稳定的外部力量，甚至我认为，客体关系就是心理结构的外部结构，是比内部结构更加本质的一部分。但现代人为了追求自我而反叛父母，与朋友疏离，过着离群索居的生活，最终的结果就是各种心理病的大爆发。因为放弃客体关系结构等于逐步拆毁了自己的外部心理结构，一个结构上崩溃的人是难免不抑郁的。

这就是自我心理学及后来的自我中心主义带来的问

题。本质上，这是一种认知困境：如果人们都明白客体关系的重要性，如果每个人在城市化过程中都注重外部心理结构的建设，如果现代人在自我实现的同时注重客体关系，那么孤独症和其他精神疾病或许会减少许多。

意义丧失的背后是价值崩溃，价值崩溃的背后是支撑价值的客体建构的瓦解，客体建构的瓦解具体来说就是客体关系的瓦解。

更别提那些因为外部关系结构崩溃而疯狂或自杀的人。写出《我的滑板鞋》的小镇音乐人庞麦郎就是一个典型例子。他走入城市、暴得大名，最终却陷入疯狂，根本原因就在于在城市流浪的过程中，他的外部客体关系结构崩溃了，丧失了稳定内心的外部心理结构。另一个自杀的青年摄影艺术家鹿道森也是如此，他从小被家庭嫌弃和暴力对待，上学后遭遇校园暴力，走上社会后又被迫流浪谋生，从始至终都没有建构起稳定的外部关系结构，走向死亡可以说是一种无意识的必然。

重建自我的方式

如何重建自我？或许要从自我的构成说起。

自我包括自我形象、自我认知，以及自我认同。自我形象来自父母遗传，自我认知来自教育，自我认同来自家庭和社会教育。自身则包含无意识自我、有意识自我和镜像自我，自我则更加狭义。

从自我的这些来源看，它们都与他人有关。看来，自我并非先天存在的事物，而是后天生成物。自我就是他者的集合，是他人意志和欲望的塑造物。自我是一个空壳，随着外在他者的变化而变化，肉体是自我的容器。

如何获得重构自我的材料呢？其实自我的材料有两

个来源：一个是外部他者，另一个是内心无意识本能。外来物构成自我的最核心的部分，即原生家庭的塑造。男孩以父亲为参照塑造自己，女孩以母亲为参照塑造自己。家庭创造了每一个人最初的自我。所以，遵循初心、遵从最初的自我，未必是好的，很多时候我们可能需要超越初心、超越自我。原生家庭构成个体无意识。

学校是塑造自我的第二个重要材料，学校由老师和同学两个部分组成，老师作为权威他者而存在，同学作为平行分身的镜像他者而存在。每一个人从老师、同学那里看见的全新自我，就是一次自我的重生，是家庭自我之后的第二层自我。

一个人进入社会后，他的朋友、家人等关系网络形成自我的全部。周围人对你的认识就是你的自我。这个层次的自我是社会性的自我。

另一个部分自我的材料来自内心，也就是来自无意识或者说集体无意识。这部分自我只有那些遵循直觉、听从内心的人才会保留，大多数人的这部分自我都被家庭和社会教化磨灭了,他们的内心自我其实已经被杀掉或者被替代了。

明白了自我构成与重构自我的材料,那么我们要如何重建自我?方法其实已经很清楚了,具体来说,重建自我无非两条道路:

一条路指向内心。遵循内心的声音,听从无意识的好奇心,然后借助外部他者的力量去实现这个自我。拉康说,自我就是一个他者。这就是说,你追求的自我就是他者写入你无意识的一个外来意志。相比追求自我,更重要的是认清什么才是你的无意识主体想要的自我,这就需要你倾听内心的想法,并敢于用实践打破旧的自我,重建新的自我。

另一条路是从外部找新材料,找到新的目标或方向,从而实现新的自我的建造。在改变自我的时候一定要先找到支撑新自我的外部关系,这样才能让改变后的自我稳定地发展下去。有必要再强调一遍,外部关系结构就是我们的外部心理结构,客体关系是形成内部自我的支撑性力量。这就产生一种方法，通过改变客体关系的方式重建自我。具体怎么做呢？相信很多人都尝试过，比如去旅行、换一个工作环境、离婚再找一个对象等。这些都是改变客体关系、重建自我的具体措施，人们其实已经普遍地在使用了，但未必明白其中的道理。

所以，如果你渴望改变自我，那么勇敢地去旅行吧，勇敢地换个全新的工作，勇敢地离开不健康的客体关系，勇敢地开始全新的事业……因为改变这些外部关系结构，就是人生的全新开始，就是自我重建的开始。从改变周围关系开始，你才能扎实地走向全新的生活。

改变自我的具体方法就是切断与有害的旧群体、旧人际关系的连接，抛弃有害的朋友与关系就是抛弃旧自我。建立新的人际关系、交新的朋友，就是建立新自我的开始。新的关系意味着新的认同，对新的关系的不断认同就会塑造出新的自我认同、自我认识和自我定义，自我也就慢慢变成新的了。

宗教对人的意识的改造、国家进行的意识形态塑造，都是服务于其目的的自我重建工程。有自我追求的人必须对此保持清醒认知。现代社会，很多公司或学校组织使用的都是同一套自我改造技术，这套技术也可以用于自我的重建。

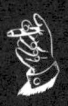

外部关系结构就是我们的外部心理结构，客体关系是形成内部自我的支撑性力量。这就产生一种方法，通过改变客体关系的方式重建自我。

所以，如果你渴望改变自我，那么勇敢地去旅行、去开始新的事业、离开一段不健康的关系……因为改变这些外部关系结构，就是人生的全新开始，就是自我重建的开始。

自我超越还是重生：东西方文明在自我建构上的不同

东方人的自我建构之路主要通过集体实现，而西方人的自我建构主要在离开集体后的个体创造中完成。东西方人的自我建构与最终结果，为什么如此不同？

一切源于对待原始父亲的方式。"原始父亲"是弗洛伊德从达尔文那里提炼出来的一个概念。达尔文假设人类起源于一个由原始父亲组建的一雄多雌式的大家庭，原始父亲会把不听话的小孩杀死或者赶走，那些流浪小孩长大后又联合起来杀死父亲，于是原始家庭秩序大乱。后来儿子们的纷争结束，由母亲们联合掌权，并定下了以"乱伦禁忌与族外婚制度"为核心的人类基本伦理制度。从此，人类才变成一种超越猿猴的智人文明。

东西方文明正是在面对原始父亲的方式上，逐步走向了不同的方向。面对原始父亲，是顺从还是反抗？对这个问题，东方文明的代表人物孔子给出的答案是"顺从"，一切都要符合礼，符合仁，要顺从父亲，维护父子关系，建成"君君臣臣父父子子"式的父子关系结构。西方社会在面对原始父亲的时候，则选择了"弑父"的道路，与东方社会形成根本差异。虽然孔子并没有将"父子关系式社会结构"这一思想推广开，但秦始皇以及其后两千年里的帝王们从制度上完成了这种建制，他们建成了一个坚固的父子关系型的社会。有人把这种系统叫作超稳定社会结构，其实这个结构的心理学本质就是一个建制化的父子关系结构。

这个建制化的父子关系结构的建立与瓦解，形成了中国历史上的治乱更替。为什么中国社会总是呈现大乱大治，分久必合、合久必分，分裂与统一的矛盾？因为中国人没有走出父子关系。就算是把前一个政权的皇帝杀死了，建立的新政权仍然是一个父子关系型的，反抗的结果是拥立了一个新父亲。所谓的他不是一个好皇帝，就是说他不是一个好父亲。

我们再看看西方。希腊神话中，宙斯也面对过这个问题，他二话不说把泰坦神杀死了，建立起兄弟们的政权，不过兄弟相争，世界重新陷入战乱，问题无解。也就是说，弑父后有一个新问题——愧疚感和罪恶感的问题。耶稣盯着这个问题看了很久，终于想出一个办法——献祭。他走上十字架，以此来承担人类的原罪。他承担了人类的罪恶，并且把神也就是父亲抽象，自己代表神和人类结成兄弟姐妹，于是，西方文明的基石，自由、民主、博爱的雏形诞生了。从希腊文明到基督教文明，西方文明是一脉相承的兄弟关系的文明，在两件事上与东方文明不同：一是敢于弑父（因为性禁忌是原始父亲定下来的，故而弑父就是为了吃禁果），二是敢于承担杀父的罪（弑父之后就是吃禁果，这两件事都是罪，但是弑父是以吃耶稣身体的方式间接进行的，因为耶稣把自己献祭给了天父，故而吃耶稣等于间接吃了天父），并且建立新型兄弟关系。

虽然孔子建设了一个自我修行的学校，每个人在这里学习的终极目标是一个完美的自我，也就是所谓的超越自我。但是，自我修行是没有终点的，他的弟子颜回就死在了自我修行的路上，仁并没有达到，完美的自我也没有修成。

与孔子不同，西方圣保罗的方式是把自我交给神，于是他的自我就变成了神的执事，他是受神差遣的仆人。如果我们把"神"这个词换成"使命"或"超我"，那么他其实就是把自我交给了一个使命、一种意志，他完全按照一个使命来行事，他的自我也就随之改变了。

后来，圣保罗的基督教变形为现代基本主义，以传播福音的方式传播商品，以主内的兄弟关系建构了一个平等社会，从而救赎了每个人的弑父罪恶。

———

东方人的核心是父子关系，是顺从与反抗，所以人的核心问题就是对自我的规训，是超越自我。孔子的学校起的就是这个作用。在这所自我修行的学校里，每个人按照"仁"的标准要求自己，从而获得自我提升。中国文人大多终其一生都在这条路上，最典型的比如陶渊明、苏东坡、柳宗元、曾国藩、林语堂……他们在受到挫折的时候就逃离父亲，用道家无为的方式解脱自己。

这些人是中国知识分子的代表，他们一辈子都在进行自我修行，甚至形成了一个阶层，一脉相承。中国的知识分子要想跟上西方，就必须解开这个死结，方法很简单，就是让自己的精神和肉体死一次。这件事很难，大部分人并不会选择这条路，直到遇到一场灾难。

西方文明的方式更为激烈，人们改变自我的方式是毁灭与重生：耶稣上十字架而死，摩西被信众杀死，圣保罗被刑求致死，尼采疯狂而死……西方的知识分子们走的是更为决绝的道路——要么毁灭,要么重生!他们不苟合、不顺从,面对父亲的规训奋起反抗,杀死父亲。他们做了这件事以后,有人会承担罪恶,重建兄弟关系的社会。

这两种改变自我的方式其实形成了两种救赎方式:东方式的在集体中自我超越的方式,以及西方式的在个人创造中重生的方式。

超越自我并非重生,而是压抑旧的自我,中断旧我的意志,做一些修修补补,从而实现新的意志。但当这个新意志遇到挫折、问题或者困境的时候,我们还会退行到以往的自我中,就像我们在梦中会退行到更为原始的本能状态一样。很多人遇到挫折以后会大吃大喝或者回到以前的行为方式,这就是超越自我行为受挫后的退行。

超越自我不能让我们获得重生,重生需要毁掉自我,需要一场灾难、一场毁灭性的打击。所以最难的是重生。《圣经》说:"那赐诸般恩典的神,曾在基督里召你们，得享祂永远的荣耀，等你们暂受苦难之后，必要亲自成全你们，坚固你们，赐力量给你们。"（彼前五：10）意思就是说通过灾难把旧我砸碎，就可以重建新的自我，获得重生，所谓因灾难而得成全。这样做是自我重生的最快方式，不过也最痛苦、最难。这是最危险的方法，但这是真正的重生方式，对一般人而言实在太难了。从这个角度看，超越自我还是很容易做到的，重生是真正的难题。

　　落到实处，人如何自我超越或者重生呢？自我超越的办法，就是把自己看成一个流变的空壳，不断地觉察内部的冲创欲望，不断地吸收外部写入的他者创意，最终将其融汇在自我之中，进而超越原来的自我。自我重生则需要更大的勇气，需要一点点地剥离原来的外部关系并建构新的关系，在重建关系结构的过程中重建自我，获得重生。

孙悟空：中国人的自我意象与重生之路

在我看来，中国四大名著中《西游记》最为独特，不仅因为它结构复杂、故事有趣，更重要的是，这个故事讲出了中国人内心冲突的核心特征——孙悟空就是中国人的自我意象，他的反叛和取经之路就是中国人的自我重生之路。下面我将分析几个关键意象，来解剖作为中国人的孙悟空，以及他的内心世界。

石中诞生：大母神与不在场的父亲

孙悟空无父无母，从一块石头中诞生。和这个情节类似的诞生神话很多，比如在历史传说中，很多中国伟人都是从神而生的：伏羲的母亲华胥氏，履雷泽大迹，感孕而生伏羲；黄帝的母亲附宝，见大电光绕北斗斗魁的天权星，感孕而生黄帝；炎帝的母亲女登，游华阳常羊山，见神龙首，感孕而生炎帝；商人始祖契的母亲简狄，吞玄鸟卵，感孕而生契；秦的始祖大业的母亲女修，吞鸟卵，感孕而生大业；汉高祖母刘蕴，梦与神遇，蛟龙于其上，有孕而产刘邦。

在西方也有同样的故事，耶稣就是马利亚从神而生的孩子，他和孙悟空一样，都是神之子。

孙悟空是怎么诞生的呢？故事说石头受到天地灵气蕴化生出了灵猴。石头属于大地，这个情节其实是说，这只猴子是从大地母亲而生。从心理学角度看，从石而生是一个凝缩意象，这背后有强烈的大母神色彩，这意味着灵猴是从大母神而生。它同时也意味着父亲的不在场，或者说父亲的缺位。这是中国神话的独特之处：从母神而生，父亲不在场，这背后其实是母系文化的遗存。

关于中国文化的母系色彩，从姓氏也可以看出来：中国人的"姓"字，就是从女而生的意思，具有明显的母系文化色彩。再比如，中国人遇事会大叫"我的妈呀"，而外国人则是"我的上帝"，从这两者的差别明显可以看出两种文化的所在阶段：后者是一神教父系文化阶段，前者还在多神教母系与父系交融的文化阶段。

从孙悟空的诞生我们可以知道：他是从母神而生，有母系文化色彩；从心理学角度看，从石头中出生意味着他的父母是缺位的。于是，孙悟空将会走上一条寻找父亲的道路，也就是寻找建构自我的客体。

拜师学艺：孙悟空的寻找客体之路

石猴无名无姓，和一个没爸没妈的野孩子差不多，但孩子需要一个自我成长的参照客体，于是作者安排他去拜师，最终师父给他取名孙悟空。由此，石猴变成了一个有名有姓的人。而父亲才是给孩子命名的人。

这个情节写的其实就是人类孩子的成长经历：孩子被生下来，父母首先做的就是给孩子命名。有了名字，孩子才能以父母作为认知客体，慢慢建立自我意识，并慢慢知道"我是谁""我叫什么名字"。

孙悟空的拜师学艺之路就是寻找客体之路，是自我意识建立之路，也是社会化之路。孙悟空通过拜师，不仅学到了打怪能力和变形技术，还完成了社会化的过程。

从此，他将走上自我实现之路。

猴子与金箍棒：阳具意象与俄狄浦斯时期的开始

猴性是人类兽性的象征，孙悟空猴性未脱，正如人身上兽性未脱。这兽性，一是吃，二是性。

伊甸园里，人类始祖亚当、夏娃因偷吃禁果而被放逐。孙悟空则在天庭守卫蟠桃园，因为偷吃禁果而被放逐。这两个故事讲的其实都是人类走出童年的故事，简单说就是知道了男女的分别、好坏的分别，这就是所谓的智慧。当然，仅仅是这点还不至于被放逐，真正的原因是偷吃了禁果——丧失了童真。我们的童年，就是在贪吃和过家家中结束的。

孙悟空偷吃仙桃，其实就是偷吃了禁果，表面上是管不住嘴巴，比较好吃，其实也有性的意味。如果说偷桃吃还比较隐晦，那么孙悟空占据金箍棒就有很明显的性的意味了。

孙悟空找到金箍棒作为武器，其实是说一个男孩子进入俄狄浦斯时期开始性觉醒，也就是3~6岁时期的手淫。小说中的孙悟空抢来金箍棒，其实就象征着他性意识的觉醒，这也是他的第一个反叛期——他把代表攻击性的象征阳具金箍棒抢回来了，他掌握了玩弄性器官的权力。

当然，小男孩的反抗之路还没那么快开始，要经过五六岁时过家家式的性探索后，才被打压下来。很快，不管男孩女孩，到9岁他们就会进入潜伏期，变得非常乖、很听话。

潜伏期的孙悟空接受了招安，给玉皇大帝（父亲）做了弼马温，其实就是做一个管菜园子和马厩的小孩——这不就是人类农业文明时期，孩子在童年放牛放羊的写照吗？

大闹天宫：弑父的失败

孙悟空知道了自己在玉帝眼里的真实分量以后非常愤怒，要把玉帝老儿赶下宝座，自己来当老大。这个情节隐晦地暗示了孙悟空的弑父元素，但是并没有明说。在这一点上，东西方神话故事有明显不同，希腊神话中，宙斯在一开始就把泰坦神杀死了，而中国神话在一开始是女娲把天补上，这其实表明中国文明还留有母系的痕迹，女娲不是在补天，而是在填补父亲的缺位，填补那个兄弟相残以后的父权空洞。中国神话中从来没有弑父情节，《西游记》"大闹天宫"的故事也只是

"闹"，只是想取而代之，并且还败了。

回到心理学，幼儿的反叛期分为两个阶段：一个是2岁左右，这时候的幼儿对什么都说不，什么事都乱搞，这不是反叛，而是探索自我的边界。2岁孩子的"反叛"是幼儿自我意识诞生的标志，也是自我意识建构的过程，但这些行为被大人误以为是反叛，还给取了一个"反叛期"的名字。

另一个阶段是青春期，那才是真正的反叛期——手段成熟、极其"凶残"。面对青春期孩子的反叛，父母几乎没有招架之力。在人类文化史上，这次反叛其实是要弑父的，但是由于人类压抑了弑父娶母的本能，用暴力打压和教育把孩子的反叛压制了下来，把孩子的反叛欲望转化到学习和文明建设上去了。到婚姻阶段，又用乱伦禁忌与族外婚制度把性欲和暴力欲望引向了外部——要娶女人就去外族娶，要复仇打架就去攻击外族或外国。尽管经历了这么久的性压抑，人类孩子的青春期依然反叛。

孙悟空的大闹天宫其实就是一次青春期孩子的离家出走，是他试图取代父母、重建小家庭的努力。实际上，天庭才是孙悟空真正的家——前文说了孙悟空是从神而生的孩子，他属于神界。花果山不过是他被流放之后暂停的山头，是一帮流浪兄弟的聚集地。

大闹天宫的失败是意味深长的：这意味着中国人和全世界所有人一样，潜意识里有弑父冲动，但是中国人的弑父失败了。我认为，中国人的最大人格特色就是群人格，也就是活在一种群体性的共享人格之中。

与"父父子子""君君臣臣"的顺从型的中国社会伦理不同，西方人从基督教开始就变成了"上帝面前人人平等"。这平等是基督的牺牲换来的——耶稣的献祭其实隐含着弑父元素，耶稣把自己献祭给神，成了神的一部分，他又叫信徒吃他的肉、喝他的血，不等于是说让信徒吃掉神吗？当然，这一层含义是极其隐晦的，也是没有被阐释出来的。

耶稣弑父这层含义非常重大，但受希腊文化影响的这层含义一直被隐藏着，直到近代，尼采宣告了上帝之死，法国大革命杀死了皇帝这个人间的父亲，从此，西方人才完成了"弑父"，开始了自我独立之路，开始了性解放之路，甚至开启了女权之路。

孙悟空大闹天宫的失败，意味着那个时代的中国人反抗的失败。诞生这部小说的明朝，正好是一个由农民建立的政权，但它最后仍然不免沦为官僚掌控的政权，皇帝为了跟官僚斗，竟然几十年不上朝，最后国家在皇帝与官僚的内耗中崩溃。这是农民政权试图改造中国社会伦理结构的一次失败。

五指山镇压事件：手淫梦与性压抑

孙悟空被如来五指山镇压这件事，从精神分析的角度看，就是一个手淫梦：首先，孙悟空操持和玩弄的金箍棒就是阴茎意象，用阴茎去打一只手，就是手淫。孙悟空遭如来打压，直接原因是偷吃禁果、大闹天宫和抢了龙王的定海神针。被如来的五指山压在山下，完全是一个手淫男孩的恐怖梦境。

男孩在梦中仍然继续手淫的快感，但是立即遭到强大压抑力量的打击。面对这一打压，他又用性来缓解压力，也就是在如来的手掌心里耍棒子、撒尿。在这里，手是一个凝缩的意象，既是性本身，也是性压抑的力量。

孙悟空被打压在五指山下，意味着性压抑的胜利，猴子的兽欲终于被管束起来。

紧箍咒：性压抑的内化与完成

孙悟空是如何逃离五指山的呢？是他的师父帮他解除了封印。确切地说，是他师父用让他工作和学习的方式转化了他的兽欲以后，他才被放出来。这正是人类上学、工作的历程。在工作之前，人类几乎没有合法的性交权；在工作挣钱以后，人类也要通过结婚这个社会认可的形式，才具有合法性交权。

人类原本像猿猴那样很早就性成熟，并可以繁衍后代。但是为了维系更大的社群，人类建立了性压抑制度，把青春期的能量都转移到了学习和工作上。为社会做了贡献、挣到钱，人才可以享受解禁的性快乐。古人说"书中自有颜如玉"，说的就是先要好好读书为社会做贡献，然后才能有性交权。

孙悟空的紧箍咒是什么呢？就是一道时刻提醒他压抑性欲的咒语。三藏把这个咒语戴在孙悟空头上，意味着禁忌在他内心的建构完成，也即社会性压抑机制的内化。这时候的孙悟空主动选择戴上紧箍儿，主动选择压抑兽欲，承担使命，就是一个人成熟的标志。

在电影《大话西游》中，至尊宝在意识到自己必须承担责任以后，义无反顾地戴上了紧箍儿，担起了西天取经的重担。这个情节是令人伤心的，因为这是一个人童年的消逝，也是一个成年人的诞生。戴上紧箍儿，意味着压抑情欲，这是一个顽童的死亡，也是一个成年人的诞生。

照妖镜：镜子中的自我与本我

孙悟空大闹天宫失败以后，向玉皇大帝妥协，经过观音（母亲）的点化，跟着唐僧去西天取经。所谓取经，不就是一个孩子读书以后去找了一份工作吗？孙悟空的"打工"之路也是他的第二次社会化之路。

人在第二次社会化过程中，会重新拆毁和建立一次自我，因为工作中的战斗才是真实的，工作中遇到的妖怪才是真正需要独自面对的。在家庭中，一切还有父母撑着，工作中谁也帮不上忙，只能自己战斗，在实践中淬炼出强健的自我。

在孙悟空的打怪过程中有一个重要意象——照妖镜。这面镜子与其说可以照出妖怪，不如说是照出了人身上的兽性。在孙悟空身上，这面镜子照出了本我（猴妖），也照出了自我（齐天大圣）。

照妖镜从心理学上说就是一个客体，自我必须通过一个客体才能被看见。父母是孩子成长过程中的第一面镜子，拉康把孩子建立自我的阶段称为镜像阶段，看照妖镜就是孙悟空的镜像阶段。

镜子在人类历史上也是很重要的巫师道具。萨满教中，萨满会有一个法器镜子，这个法器在招魂仪式中是必备的。孙悟空在打怪途中用照妖镜看见自己的妖怪本性，其实就是一个人在社会化过程中对自我身份的再确认——从两三岁的孩子第一次知道镜中自我，到孩子工作以后再一次通过社会这面镜子看到自我并重建自我，这是一个普遍的心理过程。

孙悟空经过打怪的战斗（工作），终于知道了自己能干什么，以及自己有多大能力。这一次，他才算完成了"我是谁"的自我定位与认知。

自我必须通过一个客体才能被看见，这就是父母的作用，也是朋友和敌人的意义。这些客体关系结构都能起到镜像作用，映照出人的存在形象。

《西游记》：中国人的三条自我重生之路

《西游记》蕴含了儒、释、道三种文化，这个故事其实是中国儒、释、道文化给人们指出的三条自我实现与重生的路径。

第一条是儒家的，要求人顺从君王、孝顺父母。在《西游记》中的表现，就是孙悟空去天庭当弼马温，成为果园的园丁，结果是他偷吃了禁果，获得了智慧，找到了自我，并开始反叛，大闹天宫。中国历代的读书人走的都是这条路，从个人来说，有成有败；从儒家群体来说，他们则可以说是中国历史上最成功的阶层，因为入世这条路无疑是中国人最有可能获得世俗成功的一条路。但从心理学意义上说，他们依然是失败的，因为入世给皇帝当官，就意味着独立人格的丧失。

第二条是道家的，要求人归隐山林、与世无争。在《西游记》中的表现，就是孙悟空被太上老君放进炼丹炉，这不就是回到道家的"子宫"回炉重造吗？结果是没有杀死孙悟空的兽性，反而炼就了一双火眼金睛，可用来看穿妖怪。中国有一部隐士的历史，这些人很多都是道家隐者，他们在无法认同政权的时候选择归隐。这条独善其身的道路从个体来看是成功的，有不少隐士遗民还获得了巨大成就，比如顾炎武。

第三条是佛家的，要求人出家，放弃尘世的欲望，放弃争夺权力，变成遗世独立、禁绝欲望的僧人。在《西游记》中，孙悟空被压在五指山下等待救赎，帮助三藏渡过九九八十一难之后，成为斗战神佛。表面上看他成功了，实际上却失去了自我，变成了一个遁世的僧人。中国历史上选择这条道路的人也不少，他们无法用失败与成功这样的词来衡量，只能说他们完成了自我；但对于群体发展而言，他们没有起到建设性的作用。

总的来说，这三条道路各有利弊。中国历朝历代，这三种哲学斗得不可开交，直到明朝终于凝结出了《西游记》这样一部讲述中国人内心征战的伟大小说。

有人说中国人没有信仰，造成了人们的功利主义与实用主义，我倒觉得，在这个"上帝已死"的世界，其实是意义空洞造成了实用主义的局面。在寻找意义、重估价值、树立价值这三件事上，或许，中国人和西方人站在同一条起跑线上。

后记:为什么还要阅读弗洛伊德

Afterword

今天很多人谈起精神分析，往往会觉得这是一门过时的学科，弗洛伊德是一个已经过时的理论家。这是为什么呢？从心理学上说，这可能是一种防御机制，因为弗洛伊德揭示了一个令人感到羞耻的结构性的欲望问题：每个人都会在无意识层面对父母有特别的情感，但是由于被基本伦理压抑，人们只好转向寻找一个和父母相似的对象作为爱慕对象。为了防御和对抗这种难以启齿的感情，人们转而否定弗洛伊德。还有一个原因在于，弗洛伊德的精神分析已经成为很多心理治疗理论的基础，而各种新理论看起来自成体系且不承认自己从精神分析分化而来，所以人们常常会忽视它们中的精神分析血脉。

如果深入读完《自我与本我》，我们就会明白，为什么今天还要继续阅读弗洛伊德。

首先,弗洛伊德提出的这套"本我—自我—超我"的人格结构理论和"无意识—前意识—意识"的心理结构理论,已经成为一种基本常识,并且渗透到现代社会的各个学科和各个方面。我们每天都会思考自己的自我是什么,自己未来会成为什么样的自我,也会与别人在日常中讨论无意识的问题,这在弗洛伊德的时代是不可想象的。在那个时代,无意识还是一个专业的哲学术语,可是现在已经变成了我们日常使用的话语。对于这种建构出我们基本生活的理论,我们当然有必要反复重读。

其次,后来的精神分析各种流派,都是从弗洛伊德的理论基础上建构出来的。主流精神分析流派中,自我心理学派继承和发展了弗洛伊德对自我防御机制的分析,客体关系学派扩展了弗洛伊德对客体概念的研究,拉康学派从语言学角度重新建构了弗洛伊德的精神分析,自体心理学派从自体的角度重构了精神分析。在其他心理学流派中，海灵格（Bert Hellinger）①的家庭排列从精神分析学派中吸收了无意识流动的动力学，并将其转化为家族关系的形式化排列动力；在后来的人本主义心理学派中，虽然该学派号称不关注无意识，可是他们那种关注自我、关注积极心理因素的倾向，依然是一种对无意识的关注，因为自我层面也有无意识的因素。总而言之，各种新兴流派无论如何创新，都难以忽视精神分析的奠基作用。我们在今天重新学习精神分析，其实是为了重新理解各个心理学学派的最初脉络。

同时，精神分析构成了现代人的基本话语，不懂精神分析话语就无法实现深度沟通。当我们说"自我""本我""有意识""无意识"的时候，我们真的

---

① 伯特·海灵格（1925—），德国心理治疗师，"家庭系统排列"创始人。海灵格年轻时是天主教神父，曾在非洲祖鲁族地区生活20年，之后接受精神分析、完形疗法、原始疗法及交流分析等训练。他发现，很多个案皆跨越数代并涉及家庭其他成员，因此发展出"家庭系统排列"的许多新洞见与新技巧，"家族系统排列"是一种深入心灵的辅导工作，他称之为"soul work"。

理解这些词的含义了吗?当我们想要深入探索自我的时候,真的有一个好的方式吗?这些其实都需要专业的学习才可以真正理解,才可以真正地发生对话。如果仅仅是一知半解地说着这些词,探索自以为是的"自我",往往会走入歧途。这就是我们重读这些词汇的发明者和定义者弗洛伊德原著的意义所在。

再次,精神分析还是现代哲学的思考基点,它上承尼采,后启福柯、德勒兹等众多现代哲学家。我们前面说过,弗洛伊德建构精神分析时,其实从尼采那里获得了很多启发,精神分析可以说是把尼采的"冲创意志"哲学通俗化为一套可以理解其运行机制的心理学,所以我们读了弗洛伊德,就可以更好地理解现代哲学的鼻祖尼采。往后看,福柯正是看到了欲望压抑不仅是一个心理问题,还是一个建制化的问题,所以才展开了对权力和规训的研究。再往后,法国哲学家德勒兹的核心著作《反俄狄浦斯》就是一部反对精神分析基本概念的著作,如果不懂俄狄浦斯情结,或许就无法读懂这部哲学著作。其他还有很多哲学家从精神分析理论吸收了营养，开启了各自的哲学之路，在这里不再赘述。由此可见，读精神分析，可以说是一条通往现代哲学的捷径。

最后，弗洛伊德曾经发现了许多真理的领域，在今天依然值得我们重新探索。虽然心理结构已经被重新描绘，在弗洛伊德之后，有客体关系学派补充了外部关系结构的部分，又有自体心理学派重新用话语描述了心理结构，但是心理结构并没有完善，今天，我们依然可以根据人类的心理发展描述新的结构性变化。

直到今天，精神分析理论依然绵延不绝，还在持续创新。在今天的精神分析研究中，还有人从弗洛伊德放弃的神经角度重新研究精神分析，也得出了支持性的结论。可以说，不论是研究精神分析还是理解自己，都有必要从第一个关于心理结构的模型理论学起，说不定，就会有全新的发现。

那么，如何阅读弗洛伊德呢？拉康曾经提倡"回到弗洛伊德"，具体来说就是重新阅读他的著作，用全新的语言学、人类学等各学科的新知识进行解读，在这个过程中说不定就可以找到弗洛伊德遗留的问题，用新知识获得新的发现。

当然，也可以用批判的眼光重读弗洛伊德，这完全没问题，毕竟精神分析学派内部都经历了很多次的革新，批判地阅读古典精神分析著作当然有必要。但是，读者也要注意了解后来的精神分析说了什么，如此才能够融会贯通地研究弗洛伊德及其后继者的思想。